I·M·P·R·E·S·S·NextPublishing

OnDeck Books

│NLL 言語入門│
プログラミングで算数を解く

坂井 弘亮 ｜ 著

「計算量は多くてもいいので、
いかに簡単な理屈で解くか」

インプレス

JN208541

序文

◆プログラミング習得のモチベーション

プログラミング言語を習得しようとするとき，もっとも重要なことは何でしょうか？

それは「モチベーション」だと筆者は考えます．

しかしモチベーションをいかに作るか？　ということは難しい課題です．

例えば小学生くらいの子どもの場合ならば，多くはゲーム作りなど興味を持ちそうなものを題材とすることが考えられるでしょう．

これはこれで良いと思うのですが，それはすでにそうしたものがある場合，モチベーションになりにくいという別の面もあると思います．たとえばゲームならば，面白いゲームがすでにあればそれで事足りてしまうこともあるでしょう．そう考えるとモチベーションとできる題材は複数あっても良く，そうした題材が他にも何かあるといいかもしれないと思います．

では他に何が，プログラミングを習得する上での有効なモチベーションとなり得るだろうか……？　筆者が考えるそれは「身近な課題をプログラミングによって解決できる」ということを実感することです．

そして例えばそれが子どもにとってならば，身近な課題とは，算数の問題を解くといったようなことではないだろうか……？　そうしたことがプログラミングを習得するためのモチベーションにならないだろうか？　そしてそのための入門書を提供できないか？　と思ったことが，本書を執筆したきっかけです．

本書は「プログラミングによって算数の問題が解けるということをテーマとして，それに向いた言語を学ぶ」という，実験的に書いてみた書籍です．

◆プログラミングで算数の問題を解く

たとえば本書中でも（本書での登場人物である）ぷにーんくんらがやっていることですが，2つの数の最大公約数を探そうとしたら，教科書的なやり方ではそれらの数の約数を調べ，公約数となっているものを掛け合わせるといったことが必要になります．

しかしプログラムだと，1から順の数で手当たり次第に割ってみて，余りがゼロになる数で最大のものとして調べることができます．

つまり「導く」のではなく，「探す」という求めかたができるわけです．

これは本来，人間の手作業でもできるものです．2つの数の最大公約数を探すというとき，それが12と18というような数ならば，人間の手作業でも「1から順の数で割って探す」ということは可能でしょう．

しかしそれが，何万回，何十万回というような計算量が必要になってしまうとしたら話は変わってきます．

たとえばその2つの数が，738979と12833473というような非常に大きな数であるとしたら，人間の手作業で，そのような方法で探すことは可能でしょうか？

まあ頑張れば，可能かもしれません．しかしそれが何時間や場合によっては何日もかかってしま

うとしたら，日常的に行うことは不可能でしょう．つまり，現実には不可能な方法だと言えます．

　しかしそれがコンピュータならば，計算力に任せて解くことが可能となります．

　数を順番に当てはめて条件を満たすかどうかを確認するという方法で解けるため，条件を満たす理屈を考える必要無く，条件からそのまま解が得られるからです．

　このような方法は「総当たり」と呼ばれますが，このためコンピュータに非常に向いた課題解決方法と言えます．つまり算数の問題を，教科書で習うような論理的な方法ではなく，総当たりで計算力に任せて解くことが可能となるわけです．

◆プログラミングで解くことの魅力

　総当たりのような方法は，見方によっては「手当たり次第にやってみるだけの，原理を知らない間抜けな方法」に見えてしまうかもしれません．

　しかし筆者は，そうは考えません．

　この方法ならば，解法をまだ習っていないような問題であっても，プログラミングによって解ける可能性があるということになります．中学生や高校生になってからその解法を習うような「小学生はまだその解法を習っていない」「小学生には解けないはずの」問題であっても，小学生でもプログラムが書けるようになれば，答えを見つけてしまえる可能性があるということです（このことは本書中でも，まるい先生が言及しています）．

　いくら計算量は少ないとしても，その解法を理解するには中学生や高校生になるまで待たないとならないかもしれません．また大学生でも解法を導くことが難しいような数式化が難しい問題だったり，そもそも人類にはまだ数式的解法が見つかっていない問題だったりするかもしれません．そうであったとしても，小学生でもプログラミングで解けてしまう可能性があるわけです．

　とくに計算量に任せて解けるような問題や，計算してしまえば難しい理論無く解けるような問題は，プログラミングで解くことに向いています．乱数で手当たりしだいに試すことで，最適解でなく「そこそこ良い解」が現実的な時間で得られれば十分である問題なども，そうでしょう．

　これは「そんな大量に計算しなくても，こうすれば解けるだろう」と思われてしまうかもしれません．

　しかし「計算量が多く必要になってしまうので良くない」のではなく，「計算量を多くさえすれば簡単に解ける」という考え方をすることで，プログラミングの可能性は大きく広がります．

　算数的な解きかたでは「いかに少ない計算量で解くか」という視点に偏りがちです．これは人の手で計算することが前提にあるためです．

　しかし「計算量は多くてもいいので，いかに簡単な理屈で解くか」という方法を考えることが，算数プログラミングの醍醐味です．

　筆者はこの点に，強く魅かれます．

　もちろん，教科書にあるような論理的な解法を否定するわけではありません．

　ただそうした解きかたとは別のもう1つの方法で解くことで理解が深まることもあるでしょうし，何よりもそうした解きかたがあることをプログラミングを知ることで得られるということは，プログラミングを学ぶことに対する大きなモチベーションとなり得るのではないかと思いますし，この気づきはプログラミングを学ぶための大きな希望になると筆者は考えました．

◆簡略化された言語を使いたい

　算数の問題をプログラミングで解く．そのためにはゲームやGUIを作ることに向いたイベントドリブンなプログラミング言語ではなく，変数を多用できるようなテキスト型のプログラミング言語が向いています．

　しかしそのようなテキスト型のプログラミング言語を習得することを考えたとき，入門に対するコストが高いという問題があります．

　その原因は何でしょうか？　1つは習得に必要な文法事項や理解が必要な概念が多すぎることです．算数の問題を解きたいだけなのに，何らかの文法事項や概念を必要以上に習得しないとプログラムを書くことができないのです．多くの場合，本来書きたいプログラムを書くことよりも，そちらのほうにむしろ多大な労力が払われてしまうでしょう．

　このため本書では，筆者が開発しているNLLというプログラミング言語を利用します．

　NLLは，小学生くらいの子どもがプログラミングを学習することを想定して開発しているプログラミング言語です．そしてその特徴は，NLLは算数の問題を解くといったような「1画面に収まりきるくらいの短いプログラム」を短時間で書くことに適している，というところにあります．

　理解しなければならない文法事項や概念を極力廃止し，数個のコマンドを覚えれば，あとはただ行単位で読んでいくだけでプログラムを理解できるように設計されています．

　つまり習得のコストや，教えるのに必要なコストが非常に低くなっているわけです．

　よって算数の問題を（総当たりで）解くくらいならば，最低限の習得コストで，プログラムを書くことによって解決できることになります．

　円の面積を，半径と円周率から計算することはできます．またサイコロの出目の確率を，やはり確率的な計算で求めることはできるでしょう．

　しかしそうしたことを知らない子どもが，算数の授業ではまだ習ってもいないのに，描いた円のドット数を数えたり，乱数で出したサイコロの出目を数えたりするような簡単なプログラムを書くことで知ることができたら，これは大きな感動ではないでしょうか！

2024年夏　坂井 弘亮

本書を読む準備

◆本書の構成

　本書は第7章までは基礎編として，NLLの基本的な使いかたと文法事項を説明します．ここでは算数の問題を解くために，最低限必要な事項について説明します．

　グラフィックは必ずしも説明が必要というわけではないかもしれませんが，知ることで表現力が大きく高まります．このため第3章と第8章で，NLLのグラフィック機能を使う方法について説明します．

　第9章では，いよいよ算数の問題を解いてみます．さらに第10章では，算数の問題をグラフィックによって表現してみます．

　第11章以降では，様々なループ方法や文字列・浮動小数などの型，配列などのさらに発展させたプログラムを書く上で最低限必要な文法について説明し，数当てゲームの作成や高度な算数の問題を解くことにも挑戦します．とくに最終章で説明している魔方陣は，乱数を使って解くことの良い例になるかと思います．

　本書で説明するプログラムは，いずれも短いものばかりです．これはプログラミングは実際に自分の手で入力することで覚える部分が多いため，なるべくならダウンロードせずに自力で入力できる分量に抑えたかったためです．ぜひ，実際に入力して試していただければと思います．

　本書は読者のかたと同じ目線でNLLを理解していくために，筆者オリジナルのキャラクタである「ぷにーんくん」「ぷにたろう」らがNLL学校で実際にNLLを学んでいくというショートストーリーとして書いてあります．癖のあるキャラクターが出てきますが，実際のプログラマの会話や考え方をなるべく再現してみました．この点も楽しみつつ，読み進めていただければと思います．

◆NLLのインストールについて

NLLはWindows環境で利用できます．Windows版は筆者のサイト[1]から最新版をダウンロードできます．

また最新バージョンではないかもしれませんが，Windows版の安定版をVectorのサイト[2]からダウンロードできます．

macOS，Android（ARM/x86），なんらかのGNU/Linux（Debian GNU/Linuxなど）やFreeBSDでも利用は可能ですが，ツールやライブラリ類のインストールやビルド等が必要となります．

インストール方法の最新情報は筆者のサイト[3]で公開されています．

1.https://kozos.jp/nll/download.html

2.https://www.vector.co.jp/soft/winnt/prog/se525856.html

3.https://kozos.jp/nll/install.html

◆NLL について

NLL に関する情報は筆者のサイト[4]で公開されています.
FAQ などもありますので，ご確認いただければと思います.

目次

第1章　NLLを始めてみよう

1.1　不思議な泉

ここは，どこにあるかわからないけれどどこかにある，なぞの森です．
森では動物たちが自由気ままにくらしています．
今日も，動物たちが話す声で森はにぎやかです．

森の中には，1本の道が走っています．
そして道からすこしはずれたところに，1軒の小さな家がありました．
そこには1匹の謎の生物の子が住んでいます．
名前は「ぷにーんくん」といいます．

●ぷにーんくん「きょうもいい天気だなあ」

早起きしたぷにーんくんは，ケチャップパンときのこのスープのあさごはんをすませました．
ぷにーんくんはパンが大好きな，元気な謎の生物の男の子です．

●ぷにーんくん「天気もいいし，散歩でもしようかな」

家を出て，森の中を散歩します．
まだ朝なのに，森の中ではいろんな音がします．
木の間からは，太陽の光が差し込んできます．
そうして歩いて行った先で，ぷにーんくんは小さな泉を見つけました．

●ぷにーんくん「こんなところに，こんな泉があったっけかなあ」

ぷにーんくんには見覚えがありません．
不思議に思ったぷにーんくんは，泉をのぞき込みました．
泉には魚がいっぱい泳いでいます．

●ぷにーんくん「ずいぶん，きれいな泉だな」

すると突然，ぷにーんくんは泉にすいこまれていったのです．

1.2　なぞの森から，なぞの学校に

ぷにーんくんが気がつくと，森の中の大きな門の前に立っていました．
門の奥には建物が建っています．
どうやら学校のようです．
周りは森，森，森．
木が生い茂っていて，先まで見通せません．

●ぷにーんくん「学校みたいだけど」

開けっぱなしになっている門の脇には「NLL学校」と書いてあります．

●ぷにーんくん「へんな名前の学校だなあ」

そしてぷにーんくんは，ふらりと門の中に入っていったのです．

1.3　ぷにたろう

●ぷにたろう「こんにちは」

門をくぐると，1人の男の子が話しかけてきました．
ぷにーんくんよりも前に，入っていたようです．

●ぷにーんくん「こんにちは」
●ぷにたろう「ここの学校の人かい？」
●ぷにーんくん「違うんだけど，なんだかいつの間にかここに来ちゃって」
●ぷにたろう「ふうん」

男の子は不思議そうにぷにーんくんの顔を見つめました．

●ぷにたろう「ぼくはぷにたろう．君の名前は？」
●ぷにーんくん「ぷにーんくんだよ」
●ぷにたろう「じゃあぷにーんくん，ちょうどよかった．ぼくら友達になろうよ」
●ぷにーんくん「うん，いいよ」
●ぷにたろう「じゃあ教室にいこうか」

目の前には校舎があります．
4階建ての校舎は，横に長く広がっています．
校舎の真ん中には，玄関らしき入口があります．
そして2人は，玄関に入っていきました．

ぷにたろうに連れられて校舎に入ると，目の前にあった階段を上ります．

●ぷにたろう「まずは最初の教室からかな」
●ぷにーんくん「最初の教室ってどこだい」
●ぷにたろう「2階にあるみたいだね」

壁に張ってあった案内を見て，ぷにたろうが言いました．

1.4　最初の教室

階段を上りながら，話します.

●ぷにーんくん「そこでは何をするの」
●ぷにたろう「なんだ知らないのかい」

ぷにたろうは，ちょっと驚いたように言いました.

●ぷにたろう「本当に，いつの間にか来ちゃったんだね」
●ぷにーんくん「まあ，そうなんだよね」
●ぷにたろう「もちろん，NLLをやるんだよ」
●ぷにーんくん「どうしてNLLをやるの」
●ぷにたろう「ほんとに何にも知らないんだなあ」

ぷにたろうは続けます.

●ぷにたろう「NLL学校は，NLLをやるための学校だからだよ」
●ぷにーんくん「NLLって，何？」
●ぷにたろう「プログラミング言語だよ」

ぷにーんくんは，ふうん，という感じで聞いていました.

●ぷにたろう「ぼくもゲームを作りたくて，入ったんだけど」
●ぷにーんくん「そうなんだ」
●ぷにたろう「でも，誰かとペアでやらないといけない決まりなんだよ」

2階に着くと，目の前の廊下をはさんで「最初の教室」と書かれた教室がありました.
教室の扉は，閉まっています.

●ぷにーんくん「ここだね」
●ぷにたろう「ここだね」
●ぷにーんくん「授業中なんじゃないの？」
●ぷにたろう「授業は無いよ」

教室の扉に手をかけて，ぷにたろうは言いました.

●ぷにたろう「勝手に教室を回って，自由にプログラミングをするんだよ」

それは面白そう，とぷにーんくんは思いました．

●ぷにたろう「だから，勝手に入って大丈夫，なのだと思う」

そして2人は，教室の扉を開けました．

第2章　計算をしてみよう

2.1　NLLを動かす

教室には，子供たちがいっぱいいました．
みんな，思い思いにノートPCやタブレットに向かって，なにやら話し合っています．
どうやらみんな，2人組になってやっているようです．

●ぷにーんくん「NLLでは，どんなことができるんだい」
●ぷにたろう「なんでもできるよ」
●ぷにーんくん「なんでもって，じゃあパンを作ったりもできるの？」
●ぷにたろう「うーん……がんばればできる……のかなあ……」
●ぷにーんくん「畑を耕したりは？」
●ぷにたろう「いやそういうことじゃなくて」
●ぷにーんくん「おうちを作ったりとか」
●ぷにたろう「あ，この壁になにか張ってあるよ」

なんだかなあと思ったぷにたろうは，そう言ててきとうにごまかしました．
入口近くの壁には，こんなことが書かれている大きな紙が張ってあります．

```
まずはnllを起動してみましょう.


 nll>

Q.で終了できます.


 nll> Q.
```

●ぷにたろう「まずは起動，からなのかな」
●ぷにーんくん「でもぼく，ノートPCを持っていないよ」
●ぷにたろう「ぼくのがあるから，それを使えばいいよ」

ぷにたろうはリュックの中から，大きめのノートPCを出しました．
電源を入れます．

●ぷにたろう「NLLはインストールしてあるよ」
●ぷにーんくん「準備ばんたんだね」
●ぷにたろう「ここをクリックすると起動するよ」

ぷにたろうがNLLのアイコンをぽちぽちっとクリックすると，ウィンドウが開きました．
左上に，「nll>」と出ています．

●ぷにたろう「出たぞ出たぞ．まずは入門完了だ！」

ぷにたろうが，嬉しそうに言いました．
ぷにーんくんはそれを聞いて，なんだか自分までわくわくしてきました．

2.2 終了させる

●ぷにーんくん「さて，何をやろう」
●ぷにたろう「まずは終了のさせかたが書いてあるね」
●ぷにーんくん「いきなり終わらせかたって……」
●ぷにたろう「まあ，まずは終了のさせかたでしょ」
●ぷにーんくん「そうなのかな」
●ぷにたろう「終了できるようになってれば，安心していろいろ試せるし」
●ぷにーんくん「まあそうか」
●ぷにたろう「えーっと，Q.って打てばいいみたいだね」
●ぷにーんくん「やってみたい」

ぷにーんくんがキーボードの「Q」のキーを押しました.

```
nll> q
```

- ●ぷにーんくん「あれ, なんかへんなのが出たよ」
- ●ぷにたろう「アルファベットの小文字だね, これ」
- ●ぷにーんくん「キーボードに書かれている文字が出ないー」
- ●ぷにたろう「下にあるこれが説明なのかな」

ぷにたろうは, 壁の紙の下を指さしました.
そこにも紙が張ってあり, こんなことが書かれています.

> 打ち間違えたら, キーボードの右上の「Backspace」キーを押すか, 矢印キーの左を押して戻って「Delete」キーを押すことで, 消して修正できます.
>
> 「Q」は「Shift」というキーを押しながら「Q」キーを押すと, 出てきます.
> 「Shift」キーはキーボードの左端と右側にありますが, どちらでもかまいません.
> キーボードのキーを押して, キーに書かれたとおりの文字が出てこなかったら, 「Shift」キーを押しながら押してみましょう.
> 「.」はキーボードの右下のあたりにある, 「>」と書かれたキーを押すと出てきます.
> 「Q.」と入力したら「Enter」のキーを押します.

- ●ぷにーんくん「えーっと, ようするにどういうことだ」
- ●ぷにたろう「Backspaceを押すと, 間違えたのを消せるって」

ぷにたろうが「Backspace」と書かれたキーを押すと, 「q」が消えました.
さらに「Shift」キーを押しながら「Q」キーを押して, 「>」キーを押しました.

```
nll> Q.
```

- ●ぷにーんくん「お, 紙に書かれているとおりに出た」
- ●ぷにたろう「出たねー」
- ●ぷにーんくん「でも, なんにも起きないよ」

ぷにたろうが「Q.」と打っても, 何も起きていません.

- ●ぷにたろう「Enterを押せばいいのかな」
- ●ぷにーんくん「そうなの?」
- ●ぷにたろう「紙にはそう書いてあるよ」

ぷにたろうがEnterキーを押すと，NLLのウィンドウが消えました．

● ぷにたろう「そうみたいだ」
● ぷにーんくん「Enterキーって何？」
● ぷにたろう「決定とか，そういう意味のキーだよ」
● ぷにーんくん「ふーん」
● ぷにたろう「もう一度起動させてみよう」

ぷにたろうは再び，アイコンをぽちぽちっとクリックしました．
また，ウィンドウが開きました．

2.3 数を表示してみる

● ぷにーんくん「となりにも紙が張ってあるよ」

ぷにーんくんは，先ほどやってみた紙の右を指して言いました．
そこにも，大きな紙が張ってあります．

● ぷにたろう「順番にやっていけばいいのかな」

> 数を表示してみましょう．
>
> ```
> nll> P.10
> ```

こんなふうに表示されれば成功です！

```
nll> P.10
10
nll>
```

その下には，こんなことが書かれた紙が張ってあります.

```
「P」というのは，「表示せよ」という意味の命令です.
これは，10という数を表示せよ，という意味です.
「1」キーは，キーボードの右側に数字のキーがあるならばそれでもいいですが，無ければ，キーボードの左上にある
「!」のキーを押すと，出てきます.
「0」キーは，「1」キーの右隣の右隣の……と探していくと，あります.
最後まで入力したら，「Enter」のキーを押します.
```

●ぷにたろう「やってみようか」

```
nll> P.10
10
nll>
```

●ぷにたろう「とりあえず，10って出たね」
●ぷにーんくん「他の数でもいいのかな」
●ぷにたろう「いいんじゃないかな」
●ぷにーんくん「やってみようよ」

```
nll> P.20
20
nll>
```

●ぷにたろう「出たね」
●ぷにーんくん「もっとでかい数で」
●ぷにたろう「ええーっ，いくつくらい？」
●ぷにーんくん「100億万とかそれくらい」
●ぷにたろう「それがどれくらいかわかんないけど」
●ぷにーんくん「じゃあゼロが10個とかで」

```
nll> P.10000000000
10000000000
nll>
```

●ぷにたろう「とりあえず，ゼロを10回押してみた」
●ぷにーんくん「ちゃんと出てるみたいだね」
●ぷにたろう「いくつまで表示できるんだろ」
●ぷにーんくん「ゼロが20個だとどうかな」
●ぷにたろう「なんだかこわいなあ」

```
nll> P.100000000000000000000
7766279631452241920
nll>
```

●ぷにたろう「あ，なんか違う数になっちゃった」
●ぷにーんくん「あんまり大きすぎる数だとダメなのかな」

2.4 文字列を表示する

●ぷにたろう「壁に張ってある紙に書いてあることを，どんどんやっていけばいいみたいだね」
●ぷにーんくん「うん」
●ぷにたろう「ひとまず，右に順番にやっていこうか」

その右の紙には，こんなことが書かれていました．

文字列を表示してみましょう．
「ABC」のところは，好きな文字列にしてもいいですよ．

```
nll> P."ABC"
ABC
nll>
```

これは「ABC」という文字列を表示せよ，という意味です．
自分の名前を表示してみよう！

●ぷにたろう「今度は名前とかが出せるみたいだ」
●ぷにーんくん「文字列ってなんだろう？」
●ぷにたろう「名前とかそういう，文字の集まりのことをプログラミングではそういうふうに言う
　みたい」
●ぷにーんくん「ふーん」
●ぷにたろう「まずはそのままやってみよう」

```
nll> P."ABC"
ABC
nll>
```

●ぷにたろう「出たね」
●ぷにーんくん「別のにしてみようか」
●ぷにたろう「NLLって入れてみよう」

```
nll> P."NLL"
NLL
nll>
```

●ぷにーんくん「わーい，出た」
●ぷにたろう「小文字だとどうだろ」

```
nll> P."nll"
nll
nll>
```

●ぷにたろう「あ，このときは小文字のままなんだ」

2.5　1＋2をやってみる

●ぷにーんくん「次はこれかな」
●ぷにたろう「どれどれ」

隣の紙には，こんなふうに書かれていました．

> つぎのようにして，1＋2を計算してみましょう．
>
> ```
> nll> P.1+2
> ```
>
> これで実行されて，以下のように表示されれば成功です！
>
> ```
> nll> P.1+2
> 3
> nll>
> ```

> 「+」は「Shift」キーを押しながらキーボードの右側にある「+」キーを押すと，出てきます．
> 見つけたら，まずは押してみましょう．
> そして違った文字が出てきたら，Backspaceキーで消してから「Shift」キーを押してやりなおしてみましょう．

●ぷにたろう「簡単な計算みたいだね」
●ぷにーんくん「やってみようよう」
●ぷにたろう「やってごらんよ」

ぷにーんくんは，キーボードをぽちぽちと叩きます．

```
nll> P.1+2
```

●ぷにーんくん「とりあえず，P.1+2って入力できたよ」
●ぷにたろう「じゃあEnterを押してごらんよ」
●ぷにーんくん「どこにあるの」
●ぷにたろう「キーボードの右端にある，大きめのキーだよ」
●ぷにーんくん「押すよ」

ぷにーんくんはわくわくしながら，押してみました．

```
nll> P.1+2
3
nll>
```

●ぷにーんくん「3，って出たよ！」
●ぷにたろう「出たね！　成功だよ！」
●ぷにーんくん「ええっと，1たす2っていくつだっけ」
●ぷにたろう「3だよ！　合っているよ！」
●ぷにーんくん「ああそうだった」
●ぷにたろう「だいじょうぶかいな」
●ぷにーんくん「やったー．計算でーきーたー」

2.6　1＋2＋3＋4＋5をやってみる

●ぷにーんくん「もっとたくさんの計算もできるのかな」
●ぷにたろう「できそうな気がするね」
●ぷにーんくん「やってみようよう」

隣の紙には，こんなことが書いてあります．

つぎのようにして，たくさんの数を足してみましょう．

```
nll> P.1+2+3+4+5
```

引き算もできますよ．

```
nll> P.10-3
```

かけ算は「*」，割算は「/」でできます．

```
nll> P.2*3*4
nll> P.100/2
```

答えは合っているかな？
他にも，いろんな計算をやってみよう！

「-」はキーボードの右上にある「=」キーを押すと，出てきます．
「*」キーは「+」キーの隣，「/」キーはキーボードの右下にあります．
まずは押してみて，違った文字が出てきたら，Backspaceキーで消してから「Shift」キーを押してやりなおしてみましょう．

●ぷにたろう「まとめて一気にやってみようか」
●ぷにーんくん「うん」

```
nll> P.1+2+3+4+5
15
nll> P.10-3
7
nll> P.2*3*4
24
nll> P.100/2
50
nll>
```

●ぷにーんくん「えーっと，これって合っているのかなあ」
●ぷにたろう「見た感じ，たぶん合っていそうだけど」
●ぷにーんくん「1+2+3+4+5みたいな，続けた計算もできるんだね」
●ぷにたろう「そうだね」

2.7 複雑な計算をしてみる

●ぷにーんくん「じゃあ，こんなのもやってみようよ」

そう言ってぷにーんくんは，キーボードをぐちゃぐちゃと押して，こんなふうに入力してみました．

```
nll> P.123894+489579-494559*234851+34523w
```

●ぷにたろう「うわー」
●ぷにーんくん「どうなるだろ」
●ぷにたろう「こんなのやってどうするの」
●ぷにーんくん「やってみたいじゃん」

Enterキーを押して実行すると，以下のようになりました．

```
nll> P.123894+489579-494559*234851+34523w
Invalid value type: P.123894+489579-494559*234851+34523W
nll>
```

●ぷにーんくん「ありゃ何かおかしいぞ」
●ぷにたろう「エラーになったみたいだね」
●ぷにーんくん「何がまずかった」
●ぷにたろう「なんだかエラーメッセージの最後にWがついてるけど」

よく見ると確かに，入力した行の最後が「34523w」となっています．

●ぷにーんくん「これか」
●ぷにたろう「これだね」
●ぷにーんくん「適当に押したときに，wも押しちゃったみたい」
●ぷにたろう「まあ何か余計に打ちそうな気はしてたけど」
●ぷにーんくん「直したいけど，これぜんぶ打ち直すのかー」
●ぷにたろう「ヒストリがあるんじゃないかなあ」

言ってぷにたろうは，矢印キーの上（「↑」）を押しました．
すると，以下のように出てきました．

```
nll> P.123894+489579-494559*234851+34523W
```

そのまま入力できるようです．

●ぷにたろう「やっぱりあった」
●ぷにーんくん「こんなことができるのか！」
●ぷにたろう「ヒストリっていうやつだね」
●ぷにーんくん「これは便利」
●ぷにたろう「前に入力した行の内容を，覚えているんだよ」
●ぷにーんくん「便利すぎるなあ」

ぷにーんくんはBackspaceキーを押して，行の最後の「W」を消します．
そしてEnterキーを押して，実行してみました．

```
nll> P.123894+489579-494559*234851+34523
-116147027713
nll>
```

●ぷにーんくん「出てきたね」
●ぷにたろう「うーんと，マイナス1161億4702万7713，らしい」
●ぷにーんくん「合っているのかな」
●ぷにたろう「まったくもって，わかんないね」

第3章　グラフィックを使ってみよう

3.1　ウィンドウを開く

●ぷにたろう「まあ最初の教室は，とりあえず慣れましょう的なものみたいだね」

●ぷにーんくん「最初だから，そうなのか」

●ぷにたろう「だいたい慣れたのかな」

●ぷにーんくん「まあなんとなく，慣れてきた」

●ぷにたろう「もうちょっと，何かやってみたいけど」

そのときぷにたろうは，ぷにーんくんが奥の壁に張ってある紙をじっと見ていることに気がつきました．

●ぷにーんくん「なんだかあんなのもあるよ」

ぷにーんくんが指さした先の紙には，こんなことが書かれていました．

つぎのようにして，グラフィック表示してみましょう．
まず，ウィンドウを開きます．

```
nll> GSCREEN(G_FLUSH)
```

「_」は，キーボードの右下にある「＼」のキーと Shift キーを一緒に押すと出てきます．
次に，文字列を表示してみます．
「HELLO」のところは，好きな文字列にしてもいいですよ．

```
nll> GPRINT(100,100,,,"HELLO",G_FONT16X16)
nll>
```

●ぷにたろう「へー．グラフィックかな」

●ぷにーんくん「グラフィックって？」

●ぷにたろう「線を描いたり丸を描いたりとか」

●ぷにーんくん「絵が描けるってこと？」

●ぷにたろう「最初にそんなのもやるんだ」

●ぷにーんくん「やってみたい」

●ぷにたろう「まあ，やってみようか」

●ぷにーんくん「うん」

```
nll> GSCREEN(G_FLUSH)
nll>
```

ぷにたろうが入力すると，真っ黒のウィンドウが新しく出てきました．

●ぷにーんくん「うわ，いきなり開いた」
●ぷにたろう「簡単だなあ」
●ぷにーんくん「これはかなり簡単かも……」
●ぷにたろう「やっぱり，グラフィックっぽいね」
●ぷにーんくん「これはどうなるのか」
●ぷにたろう「この新しく開いたウィンドウに，何か描ける，んだと思う」

3.2　文字列を描画する

ぷにたろうは紙に書いてあるとおりに，続けて入力してみました．

```
nll> GPRINT(100,100,,,"HELLO",G_FONT16X16)
nll>
```

すると，このような文字列が表示されました．

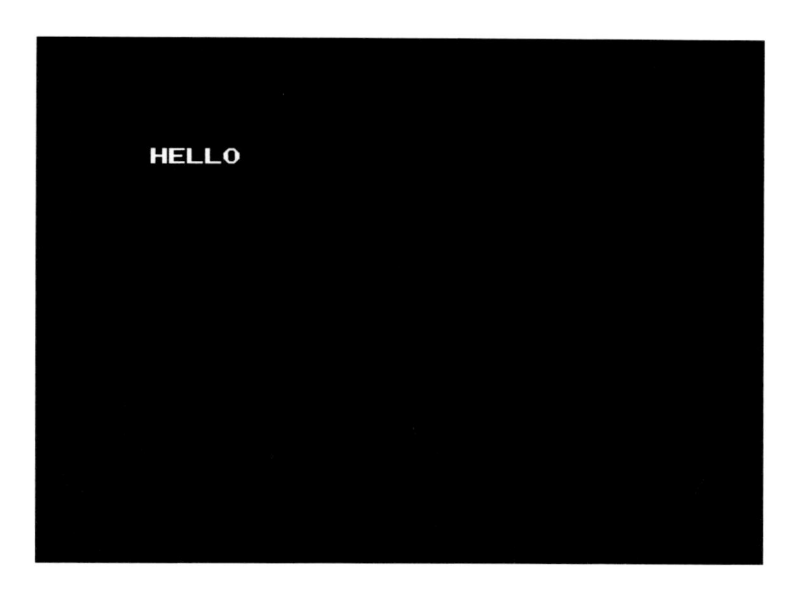

●ぷにーんくん「文字列が出たー」

●ぷにたろう「出たねえ」

●ぷにーんくん「これは期待が持てる」

●ぷにーんくん「GPRINTに入れてる100っていう数はなんだろう」

●ぷにたろう「描画する座標を指定しているのかな」

●ぷにーんくん「座標っていうのは？」

●ぷにたろう「位置のことだね．ウィンドウの上での」

●ぷにーんくん「なんとなくわかるけど，どうすればどうなるのかわかんない」

3.3　説明よりも，見てみるのがいい

●ぷにたろう「えーっと，たぶんX方向とY方向の順番で，左端と上端がゼロ」

●ぷにーんくん「うーん」

説明がたいへんだなあと思ったぷにたろうは，思い出しました．
プログラミングは，いろいろ説明されるよりも，自分で試してみたほうがわかりやすいことが多い
と聞いたことがあります．
じゃあそうしてみるかな，とぷにたろうは思いました．

●ぷにたろう「たぶんぼくが説明するより，数を変えて試してみたほうがわかりやすいんじゃない
　かな」

●ぷにーんくん「うん」

●ぷにたろう「200とかにして，もう一度やってみようか」

●ぷにーんくん「やってみたい」

●ぷにたろう「打ち直すのはたいへんなので，ヒストリを使おう」

ぷにたろうが矢印キーの上（「↑」）を押すと，先ほど入力したGPRINTの行が出てきました．
それを，1つ目の「100」を「200」に直して実行しました．

```
nll> GPRINT(200,100,,,"HELLO",G_FONT16X16)
nll>
```

●ぷにーんくん「あ，なんか右にもう1つ出た」
●ぷにたろう「右に出たね」
●ぷにーんくん「っていうことは，ここの数を増やすと，右に描かれるのか」

ぷにーんくんは，GPRINTに入れたの1つ目の数を指さして，言いました．

●ぷにたろう「じゃあ，300とかにしてみよう」
●ぷにーんくん「うん」
●ぷにたろう「ヒストリが使えるから，数を変えてどんどん試してみようか」

ぷにたろうは矢印キーの上（「↑」）を押して，1つ目の数を今度は300に直して実行しました．

```
nll> GPRINT(300,100,,,"HELLO",G_FONT16X16)
nll>
```

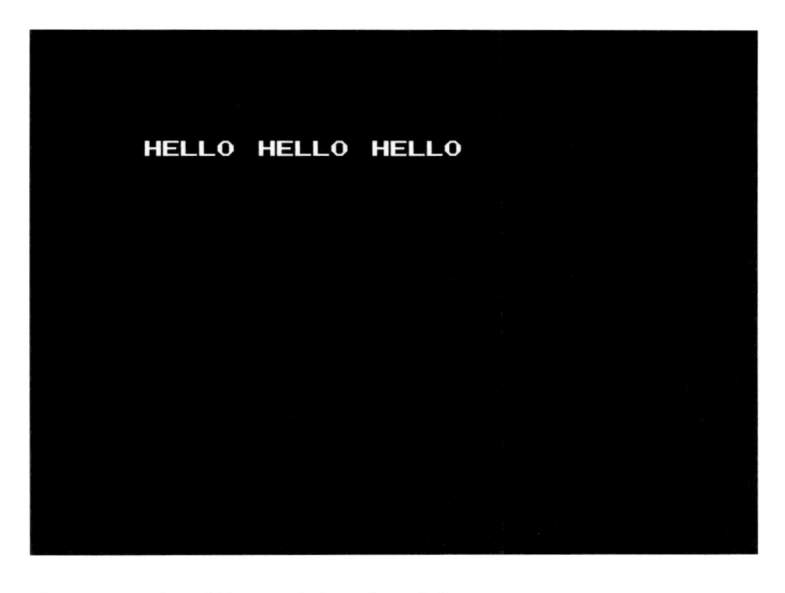

●ぷにーんくん「おー，さらに右に出た！」
●ぷにたろう「やっぱり，数を増やすと右にいくみたいだね」
●ぷにーんくん「この間隔だと，ゼロだと左端かな」
●ぷにたろう「やってみよう」

```
nll> GPRINT(0,100,,,"HELLO",G_FONT16X16)
nll>
```

●ぷにーんくん「やっぱりそうみたい！」

●ぷにたろう「すると2つ目の100っていう数は，縦の位置かな」
●ぷにーんくん「200にしてみようよ」

```
nll> GPRINT(0,200,,,"HELLO",G_FONT16X16)
nll>
```

●ぷにーんくん「おお，今度は下に動いた！」
●ぷにたろう「縦の位置みたいだね」
●ぷにーんくん「じゃあ，0と0にすると左上になるのかな」
●ぷにたろう「なりそうだね」

```
nll> GPRINT(0,0,,,"HELLO",G_FONT16X16)
nll>
```

```
HELLO



HELLO  HELLO  HELLO  HELLO



HELLO
```

●ぷにーんくん「なったなった」

3.4　丸を描く

壁の隣の紙を指さして，ぷにーんくんは言いました．

●ぷにーんくん「次は，あれをやるのがいいみたいだね」

```
丸や線を，描いてみましょう．

nll> GSETDOTSIZE(3,3)
nll> GCIRCLE(200,200,100,,G_WHITE)
nll> GLINE(400,200,500,300,G_GREEN)
nll> GBOX(100,100,600,400,G_CYAN)
nll>
```

●ぷにたろう「次は，丸とか線みたいだね」
●ぷにーんくん「ややこしくなるから，一度消そうよ」
●ぷにたろう「えーっと，一度終了すればいいのかな」

```
nll> Q.
```

NLLを終了させると，ウィンドウも消えました．

●ぷにたろう「もう一度立ち上げて，GSCREENからかな」

NLLをもう一度起動して，ウィンドウを開くところからやり直します．

```
nll> GSCREEN(G_FLUSH)
```

●ぷにたろう「開いたね」
●ぷにーんくん「GCIRCLE ってのをやってみよう」

```
nll> GSETDOTSIZE(3,3)
nll> GCIRCLE(200,200,100,,G_WHITE)
nll>
```

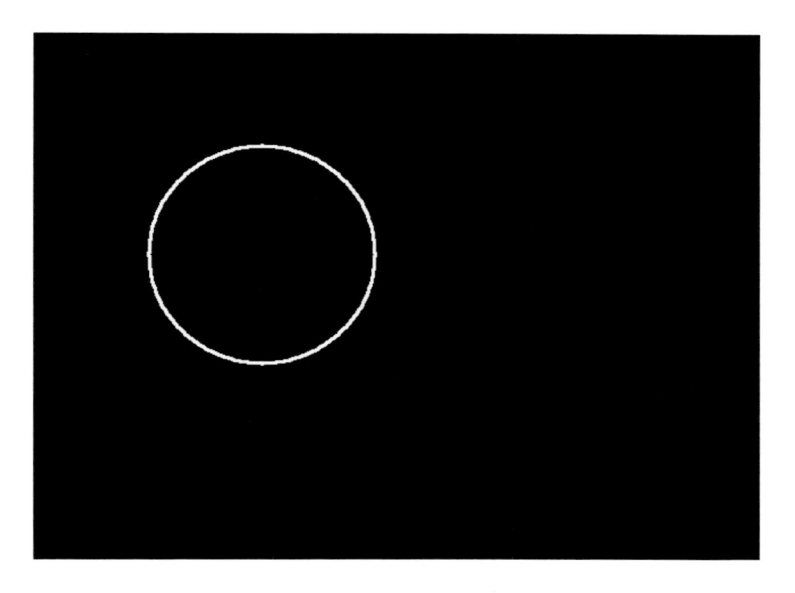

●ぷにーんくん「お，丸が出た」

●ぷにたろう「G_WHITE っていうのは，たぶん色だよね」

●ぷにーんくん「GSETDOTSIZE っていうのは何だろう」

●ぷにたろう「うーん……，線の太さかな？」

●ぷにーんくん「たしかに，なんか太いね」

3.5　丸を動かす

●ぷにーんくん「200とか100っていうのは座標のような気がするけど」

●ぷにたろう「数を変えて試してみようか」

●ぷにーんくん「ついでに色も，緑とかにしてみようよ」

●ぷにたろう「まず1つ目の数を，250にしてみるか」

●ぷにーんくん「うん」

●ぷにたろう「で，あと緑はGREENかなあ」

```
nll> GCIRCLE(250,200,100,,G_GREEN)
nll>
```

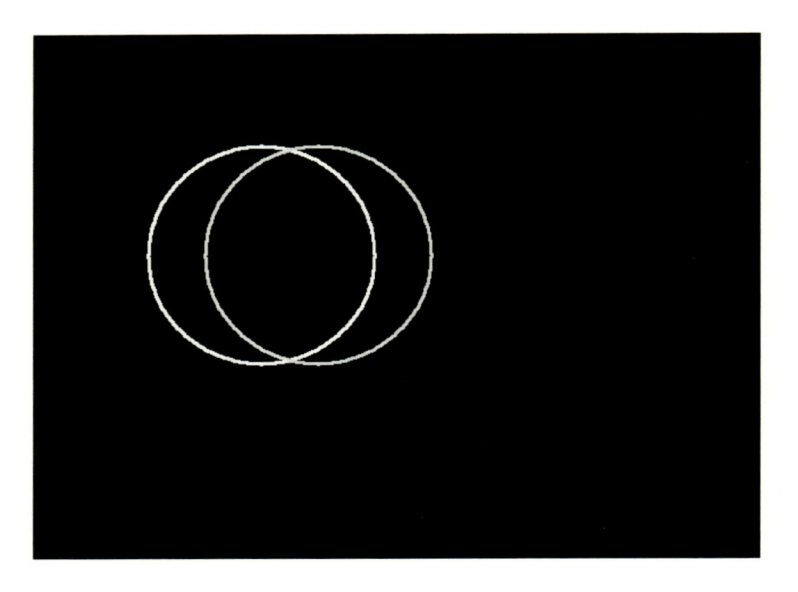

●ぷにーんくん「あ，右にいった」
●ぷにたろう「1つ目の数が，横の位置っていうことだね」
●ぷにーんくん「色も緑になってるね」
●ぷにたろう「次の数は，縦の位置かな」

```
nll> GCIRCLE(250,250,100,,G_GREEN)
nll>
```

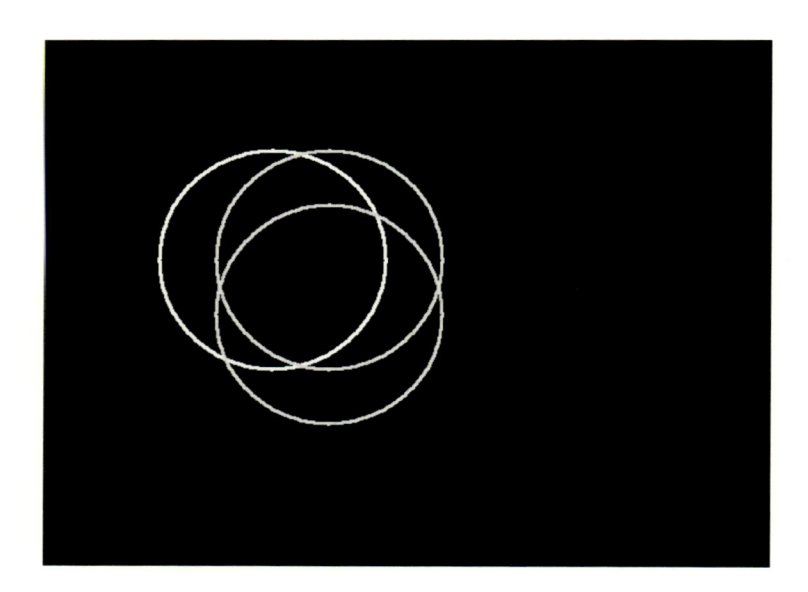

●ぷにーんくん「そうみたい．250にしたら，下にいった」

- ●ぷにたろう「じゃあ3つ目の数は，大きさだろう」
- ●ぷにーんくん「150とかにしてみようよ」
- ●ぷにたろう「わかりやすいように，色は白に戻そう」

```
nll> GCIRCLE(250,250,150,,G_WHITE)
nll>
```

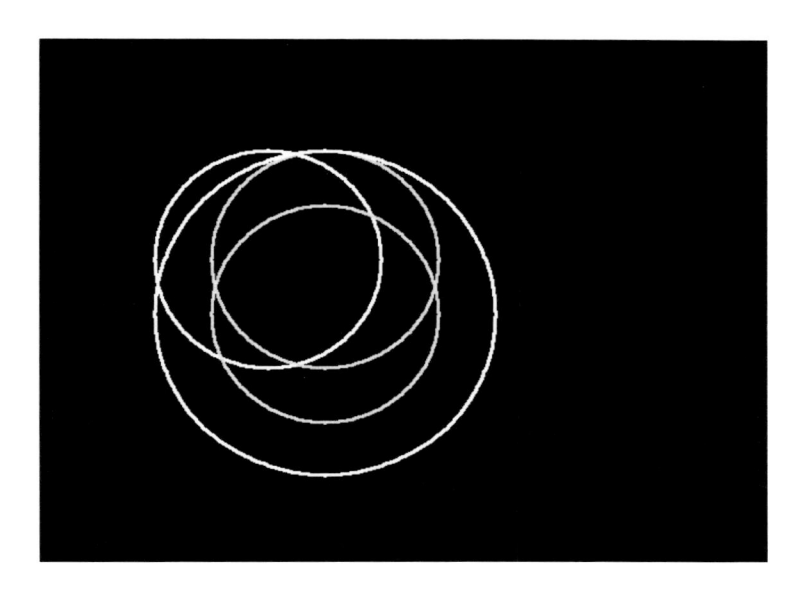

- ●ぷにーんくん「おー，大きくなった」
- ●ぷにたろう「3つ目の数は，半径なのかな」

3.6 線や四角を描く

- ●ぷにーんくん「GLINEっていうのもやってみようよ」
- ●ぷにたろう「こんな感じかな」

```
nll> GLINE(400,200,500,300,G_GREEN)
nll>
```

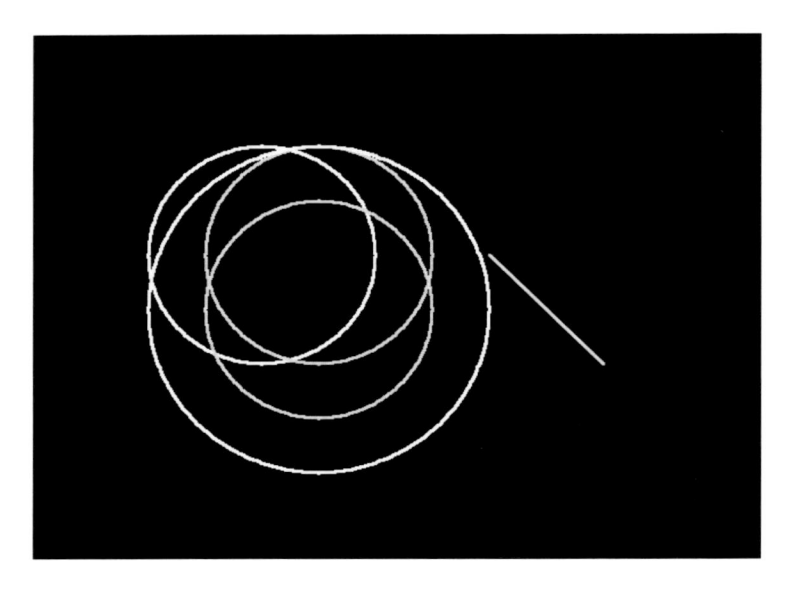

●ぷにーんくん「おおっ線が描けている……」
●ぷにたろう「数が4つあるのは，線のはじまりの位置と終わりの位置かな」
●ぷにーんくん「1つ目と3つ目の数を，30ずつ変えてみよう」
●ぷにたろう「430と530だね．こうかな」

```
nll> GLINE(430,200,530,300,G_GREEN)
nll>
```

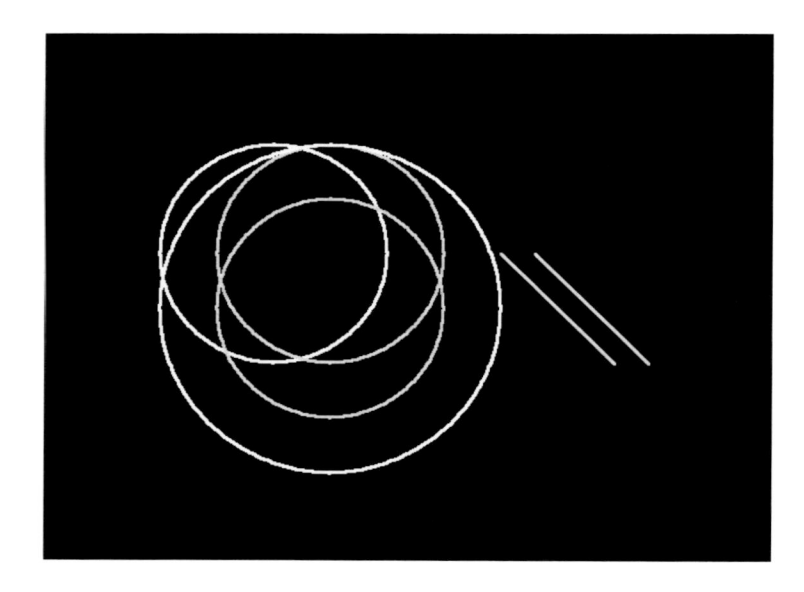

●ぷにーんくん「右に動いた」

- ●ぷにたろう「1つ目と3つ目の数が，横の位置っていうことみたいだね」
- ●ぷにーんくん「2つ目と4つ目も，50ずつ増やしてみよう」
- ●ぷにたろう「えーっと，250と350かな」
- ●ぷにーんくん「ついでに色も水色に」
- ●ぷにたろう「えーっと，水色ってCYANだったかな」

```
nll> GLINE(430,250,530,350,G_CYAN)
nll>
```

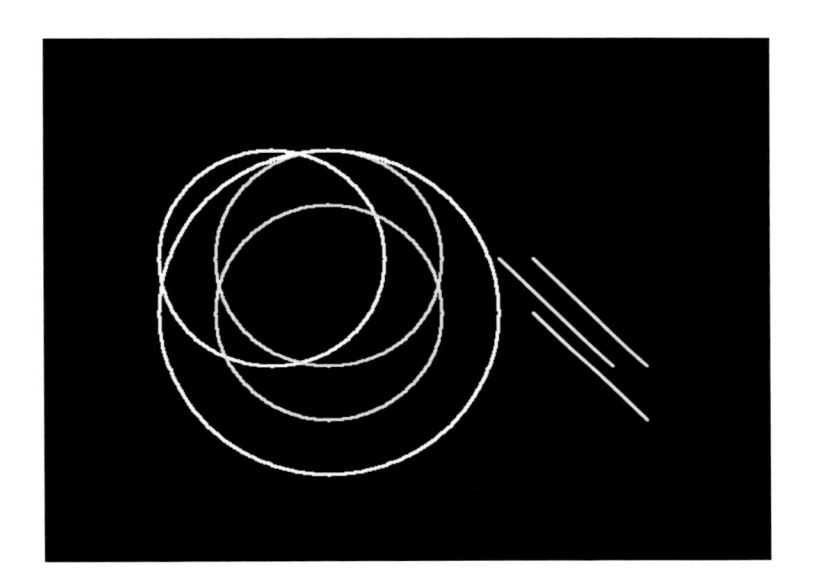

- ●ぷにーんくん「今度は下に動いた」
- ●ぷにたろう「っていうことは，1つ目と2つ目の数が線の開始位置だね．たぶん」
- ●ぷにーんくん「うん」
- ●ぷにたろう「で，3つ目と4つ目の数が線の終了位置，みたいだ」
- ●ぷにーんくん「色も水色になっているね」
- ●ぷにたろう「GBOXっていうのは，四角を描くのかな．やってみよう」

```
nll> GBOX(100,100,600,400,G_CYAN)
nll>
```

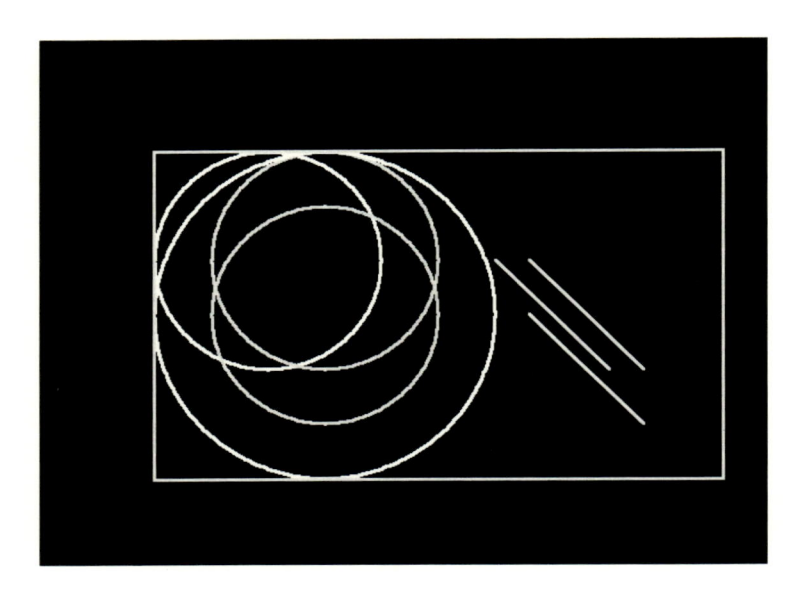

●ぷにたろう「やっぱりそうだ．四角だね」

●ぷにーんくん「座標の指定のしかたは，線のときと同じかな」

●ぷにたろう「たぶんそうなんだと思うなあ」

●ぷにーんくん「600,400でだいたいウィンドウの大部分になってるから，ウィンドウの大きさもそれくらいなのかな」

●ぷにたろう「切りがいいところで，640,480なんじゃないかな」

●ぷにーんくん「え，それ切りがいいの!?　700とか500が切りがいいんじゃなくて？」

●ぷにたろう「うーん……，なぜか画面サイズとかは，640とか480とかそういうのが切りがいいんだよねえ……」

●ぷにーんくん「謎だ……」

3.7　大量に描画してみる

●ぷにーんくん「あれ，こんなのもあるな」

●ぷにたろう「どこどこ」

●ぷにーんくん「これこれ」

ぷにーんくんは，隣に張られている紙を指さして言いました．

（おまけ）
これはおまけなので，よくわからなくても，試してみるだけでかまいません．

```
nll> GPRINT(RAND(640),RAND(480),,,"HELLO",G_FONT16X16); GN.0
```

```
nll>
```

やみくもにいっぱい表示してみよう！
（Ctrl ＋ C キーで止められます）

●ぷにーんくん「なんだろこれ，おまけって」
●ぷにたろう「文字どおり，おまけなのかな」
●ぷにーんくん「あんまりわかんなくていいから，まあやってみてっていう感じなのかな」

そんな課題もあるんだなあ，とぷにたろうは思いました．

●ぷにたろう「ま，やってみようか」

```
nll> GPRINT(RAND(640),RAND(480),,,"HELLO",G_FONT16X16); GN.0
```

ぷにたろうがこのように入力すると……

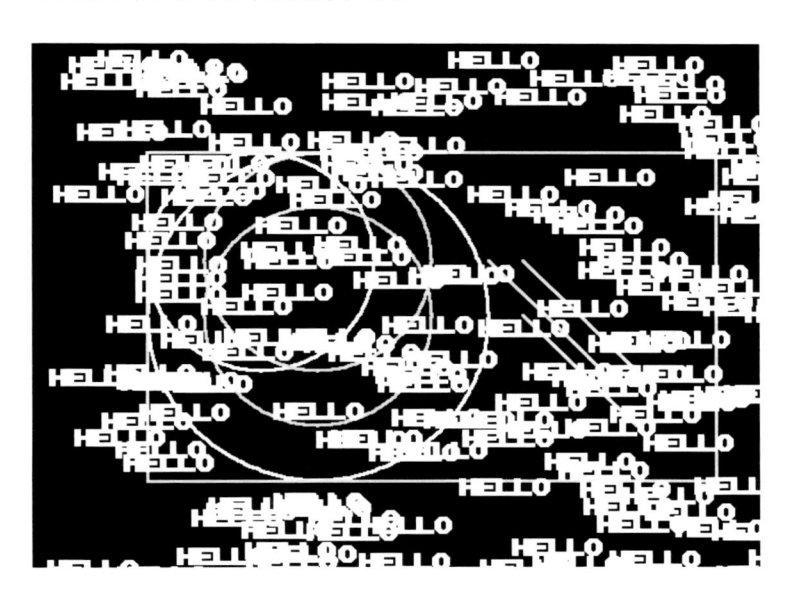

●ぷにたろう「うわっ，ドバドバ出てきた！」
●ぷにーんくん「うわー」
●ぷにたろう「止まらない！」
●ぷにーんくん「うわーうわーうわー」
●ぷにたろう「止まらないよこれ！」
●ぷにーんくん「ぎゃはははは」
●ぷにたろう「あーもう笑ってるんじゃない！」

ぷにたろうはびっくりして，あせっています．
ぷにーんくんは，楽しいみたいです．

笑っているぷにーんくんを見て，ぷにたろうはだんだん落ち着いてきました．

●ぷにたろう「えーっと，Ctrl＋Cで止められますってあるな」
●ぷにーんくん「え，どこに」
●ぷにたろう「紙の説明の最後に，ちょろっと書いてある」

ウィンドウは，だんだん白くなってきています．

●ぷにーんくん「Ctrl＋Cってなんだろう？」
●ぷにたろう「たぶんだけど，Ctrlっていうキーを押しながら，Cを押すんじゃないかな」

ぷにたろうはキーボードを探すと，「Ctrl」というキーが左下にありました．
そしてそのキーを押しながら「C」キーを押してみました．

```
nll> GPRINT(RAND(640),RAND(480),,,"HELLO",G_FONT16X16); GN.0

Break at: GN.0
nll>
```

●ぷにたろう「ああ，止まった……」
●ぷにーんくん「止めなくてもよかったのに」

●ぷにたろう「そうもいかんだろう」

●ぷにーんくん「そのまま置いておけばいいしさ」

●ぷにたろう「いやいや僕のPCだから！　持って帰るから！」

第4章　変数を使ってみよう

4.1　食堂では……

NLLをいろいろいじっていたら，あっという間にお昼になりました．

●ぷにーんくん「おなかがすいたね」
●ぷにたろう「お昼ごはんにしようか」
●ぷにーんくん「ごはんはどうすればいいのかな」
●ぷにたろう「たしか食堂があったんじゃあないかな」
●ぷにーんくん「じゃあそこに行ってみようか」

2人はノートPCを閉じると，そのまま置きっぱなしにして教室を出ました．

●ぷにたろう「たしか食堂は1階だったかな」
●ぷにーんくん「どんなメニューがあるんだろ」
●ぷにたろう「ふだんはどんなものを食べているの？」
●ぷにーんくん「えーと……，昆虫とか，ドングリとかかなあ」
●ぷにたろう「昆虫って……」
●ぷにーんくん「あるかな」
●ぷにたろう「さすがにそれは無いと思うよ」
●ぷにーんくん「え，無いの!?」
●ぷにたろう「いや食堂には無いでしょ．たぶん」
●ぷにーんくん「まあでも植物食がメインかなあ」
●ぷにたろう「笹とかでいいんじゃ」
●ぷにーんくん「パンダじゃないよ」

そして，食堂につきました．

●ぷにーんくん「食べたいもののところに並んで，よそってもらうシステムかな」
●ぷにたろう「メニューはいろいろあるみたいだね」
●ぷにーんくん「昆虫は，無いよね」
●ぷにたろう「まあそうだろうね」
●ぷにーんくん「じゃあうどんでいいや」
●ぷにたろう「ぼくもそうしようかな」

2人はうどんを持って，手近なテーブルに座りました．
ぷにーんくんは山菜うどん，ぷにたろうはてんぷらうどんです．
席につくと，もりもりと食べ始めます．

- ●ぷにーんくん「お昼やすみって，いつまでなんだろう」
- ●ぷにたろう「お昼やすみっていうのは無いみたいだよ」
- ●ぷにーんくん「んん？」
- ●ぷにたろう「そういうシステムなんだよ」
- ●ぷにーんくん「どういうこと？」
- ●ぷにたろう「好きなときに休んで，好きなときに始めればいいってこと」
- ●ぷにーんくん「じゃあ，食べないでずっとやっててもいいってこと？」
- ●ぷにたろう「まあそうでもあるのかな」

ごはんも食べずに没頭できるとは，いいところだなあとぷにーんくんは思いました．

- ●ぷにーんくん「いいところだね」
- ●ぷにたろう「まあでもお昼ごはんくらいはちゃんと食べようよ」

ぷにーんくんの考えを見透かしたように，ぷにたろうは釘をさしました．
2人はいろいろ雑談しながら，うどんを食べます．
ぷにたろうはぷにーんくんに，NLL学校についていくつか教えてあげました．
うどんを食べ終わると，ぷにたろうが言いました．

- ●ぷにーんくん「はやく，戻ろうよ」
- ●ぷにたろう「そうだね」

そして2人は食器を片付けて，教室に戻ります．

4.2　変数に数を入れる

教室は，お昼の時間でのんびりしています．
食堂に行っている子どもたちが多いせいか，人もまばらです．
2人は適当な席に座って，おしゃべりを始めました．

- ●ぷにたろう「食堂，おいしかったね」
- ●ぷにーんくん「おいしかった」
- ●ぷにたろう「明日はカレーを食べてみたい」
- ●ぷにーんくん「秋になったら，どんぐりとか出るんじゃない」

●ぷにたろう「それは無いだろう」

外は夏の日．蝉の声が鳴り響いています．
ゆっくりと時間が流れていきます．

●ぷにーんくん「毎日こんな感じなのかな」
●ぷにたろう「そうなんじゃないかな」
●ぷにーんくん「のんびりしてて，いいところだなあ」
●ぷにたろう「まあ，自由な学校だよね」

2人は，なんとなくお互いのいろんなことを話しました．
今までの生活のこと，好きなたべもののこと，興味があること．
そして話は次第に，プログラミングのことになっていきます．

●ぷにたろう「そろそろまた，始めようか」
●ぷにーんくん「好きなときに始めればいいんだね」
●ぷにたろう「まあ，そうみたい」
●ぷにーんくん「じゃ，あれをやってみようよ」

ぷにーんくんが指さした先の壁には，こんなことが書かれた紙が張ってあります．
ぷにたろうはノートPCを開きながら，紙に書かれたことを読んでみます．

```
変数を使ってみましょう．

nll> A=1
nll> P.A
1
```

●ぷにーんくん「これはどういうことだろう」
●ぷにたろう「まあとりあえず，やってみようか」

NLLを起動して，試してみました．

```
nll> A=1
nll> P.A
1
```

●ぷにーんくん「たしかに，1って出たね」

●ぷにたろう「そうだね」

4.3　変数を計算する

●ぷにーんくん「これは，どういうことだろう」
●ぷにたろう「次の紙を見てみようか」

```
つぎのようにして，変数を使って計算をしてみましょう．


 nll>  A=1
 nll>  B=2
 nll>  P.A+B
   3


いろいろ試してみよう！
```

●ぷにたろう「どうやら，A=1ってすると，Aが1になるみたいだね」
●ぷにーんくん「そうみたいだね」
●ぷにたろう「P.は表示しろっていう意味だから，P.AだとAに入っている数を表示するのかな」
●ぷにーんくん「そうみたいだね」
●ぷにたろう「で，P.A+Bだと，A+Bの計算結果を表示しろ，という意味かな」
●ぷにーんくん「AとかBとか，なんだかよくわかんない．数をそのまま使えばいいんじゃないの？」
●ぷにたろう「こういうのを，変数というのかな」
●ぷにーんくん「変数？」

ぷにーんくんは首をかしげます．

●ぷにたろう「なんか聞いたことがあるけど，Aという箱に1が入るというイメージだとか」
●ぷにーんくん「箱？　よくわかんない」
●ぷにたろう「そうなんだよねえ．今は箱に例えるのはちょっとという話もあるようだ」
●ぷにーんくん「なんでまた」
●ぷにたろう「箱だと，中身を移したら無くなるのかとかそういう誤解を招くからとかそんなような」
●ぷにーんくん「ふーん」
●ぷにたろう「他にも箱だと，新しい数を入れたら前の数が消えるのはおかしいとか，そういう誤解が出やすいとか」

4.4　変数は箱？　覚えてくれる人？

●ぷにたろう「あとは，ポストイットに例えるっていう説明のしかたもあるようだ」

- ●ぷにーんくん「ポストイットって？」
- ●ぷにたろう「うーんそうだなあ……．なんといったらいいものか」
- ●ぷにーんくん「がんばれ」
- ●ぷにたろう「まあ変数は，1つの数を覚えてくれる場所，と考えるといいのかもしれない」
- ●ぷにーんくん「あー，それなら納得できるかも」
- ●ぷにたろう「うん」
- ●ぷにーんくん「数を1つ，覚えておいてくれるってことか」
- ●ぷにたろう「もしくは，1つの数を覚えてくれる人とか機械，とかでもいいかも」
- ●ぷにーんくん「そのほうがわかりやすいかも」
- ●ぷにたろう「つまり，A=1っていうのは，Aさんに，1という数を覚えておいて！　っていう感じ」
- ●ぷにーんくん「そうすると，B=Aとすると，BさんにAさんが数を教えてあげる，ってことになるのかな」
- ●ぷにたろう「いろいろ試してみようって書いてあるから，試してみようか」

2人はさっそく，試してみました．

```
nll> A=1
nll> B=A
nll> P.A
1
nll> P.B
1
nll>
```

- ●ぷにたろう「やっぱりBも1になるね」
- ●ぷにーんくん「Aさんが1を覚えて，次にBさんがAさんに1っていうのを教えてもらう，っていう感じなのかな」
- ●ぷにたろう「そうだね」
- ●ぷにーんくん「でもってP.Aは，Aさんに覚えている数を聞いて表示する，みたいな」
- ●ぷにたろう「あー，それは納得しやすいかも」

4.5　変数に数を入れなおす

- ●ぷにーんくん「次に別の数を入れたらどうなるんだろう」

そして2人は，こんなのを試してみました．

```
nll> A=1
nll> B=2
nll> P.A+B
3
nll> A=4
nll> P.A+B
6
nll>
```

●ぷにーんくん「えーっと，なんで6なんだ？」
●ぷにたろう「なんでって……，Aが4になっているからでしょ」
●ぷにーんくん「うーん」
●ぷにたろう「Aが4になって，4と2が足されているんじゃあないかな」
●ぷにーんくん「ああそうか」
●ぷにたろう「だいじょうぶかいな」
●ぷにーんくん「おなかがへって，頭が回らなかった」
●ぷにたろう「いやいやさっき食べたばかりでしょ」
●ぷにーんくん「笹を食べてないからねえ」

ぷにたろうは，気にせず続けました．

●ぷにたろう「どうやらA=1のあとにA=4ってすると，Aが1から4になっているみたいに思える」
●ぷにーんくん「Aさんが，1を覚えた後に，次は4を覚えて，って言われた感じかな」
●ぷにたろう「ああ，そんな感じかも」
●ぷにーんくん「前の数は忘れて，新しい数を覚えるんだね」
●ぷにたろう「つまり1つの変数では，数は1つしか覚えられない，ということだね」
●ぷにーんくん「おおー，そう言われると納得できる」

4.6　計算結果を変数に入れる

●ぷにたろう「次の紙を見てみようか」

つぎのようにして，変数を使って計算をして，その結果を変数に入れてみましょう．

```
nll> A=1
nll> B=2
nll> C=A+B
nll> P.C
```

- ●ぷにーんくん「3になったね」
- ●ぷにたろう「なったね」
- ●ぷにーんくん「どういうことだろう」
- ●ぷにたろう「A+Bの結果が，Cに入ったのかな」
- ●ぷにーんくん「どうやらそうみたいだね」
- ●ぷにたろう「わかっているのかなあ」
- ●ぷにーんくん「なにしろおなかがすいちゃって」
- ●ぷにたろう「だからうどんを食べたでしょって」

こういうこともできるよ．

```
nll> A=1
nll> P.A
1
nll> A=A+1
nll> P.A
2
nll> A=A+1
nll> P.A
3
```

- ●ぷにたろう「これはどういうことだろう」
- ●ぷにーんくん「どういうことだろう」
- ●ぷにたろう「君もかんがえなさいな」
- ●ぷにーんくん「えーっと，まずAが1になるよね」
- ●ぷにたろう「そうだね」
- ●ぷにーんくん「次に，A+1がAに入る」
- ●ぷにたろう「そうだね」
- ●ぷにーんくん「そうすると，Aが2になる」
- ●ぷにたろう「あーだから，2が出ているのか」
- ●ぷにーんくん「でもって次は，Aが2なので，A+1は3だから，Aに3が入る」

4.7 「=」の意味

ちょっと考えてから，ぷにたろうは言いました．

●ぷにたろう「わかった，『=』が，変数に入れるっていう意味なんだ」
●ぷにーんくん「だからそうだって話でしょうよ」
●ぷにたろう「『=』は等しいっていう意味なのかと思って，混乱した」
●ぷにーんくん「それはよくわからないけど」
●ぷにたろう「まあわかったからいいや」
●ぷにーんくん「わかったならいいや」
●ぷにたろう「でもこれ，混乱するよなあ．『=』が等しいんでなく数を入れるっていう意味だとは」
●ぷにーんくん「だってそうでしょ．『=』はCさんに，覚えてくれっていう意味なんだから」
●ぷにたろう「そう言われてみると，そうか」
●ぷにーんくん「混乱するのかな」
●ぷにたろう「むしろそういうのを何にも知らないほうが，すんなり理解できるのかもしれないこれ」
●ぷにーんくん「じゃあこういうこともできるのかな」

```
nll> A=1
nll> P.C
1
nll> A=A+A
nll> P.A
2
nll> A=A+A
nll> P.A
4
```

●ぷにたろう「AにA+Aを入れるってことは，Aが2倍になるっていうことか」
●ぷにーんくん「そういうことだね」
●ぷにたろう「冴えてるじゃん」
●ぷにーんくん「まあ，どんぐりを食べたからねえ」
●ぷにたろう「食べたのはうどんでしょ」

第5章 プログラムを記憶させよう

5.1 寮への道

午後もNLLをいじっていたら，ぷにたろうが思い出したように言ってきました.

●ぷにたろう「そういえばぷにーんくんは，寮に入るんだよね」
●ぷにーんくん「寮って？」
●ぷにたろう「寮があって，そこには自由に入れるんだよ」
●ぷにーんくん「入るってどういうこと？」
●ぷにたろう「部屋があるのでそこで生活できるんだよ」
●ぷにーんくん「そこに泊まれるってこと？」
●ぷにたろう「まあそうだね」
●ぷにーんくん「ご飯もあるのかな」
●ぷにたろう「たぶん，あると思うよ」
●ぷにーんくん「じゃあ入ろうかな」
●ぷにたろう「それだとぼくも嬉しいね. 相部屋にできると思うし」
●ぷにーんくん「別にぼくは，ぷにたろうといっしょじゃなくてもいいけど」
●ぷにたろう「まあそうさみしいことを言うなって. いっしょのほうがなにかと便利でしょ」
●ぷにーんくん「まあいいけど」
●ぷにたろう「寮に入るなら，そろそろそっちに行ったほうがいいかもね」
●ぷにーんくん「じゃあ入ろうかな」

2人はあとかたづけをすると，教室を出ました.
階段を下りて校舎を出ると，外はむんむんと暑い夏の日です.

●ぷにたろう「暑いねえ」
●ぷにーんくん「ちょうどいいかなあ」
●ぷにたろう「え，暑くないの？」
●ぷにーんくん「これくらいがちょうどいいね」

そのまま歩いて校門を出ました.
門を出ると右に向かって，学校の壁沿いの道を歩きます.
道の右には学校の壁，左にはうっそうとした森があります.

●ぷにたろう「寮は，このまま歩いて5分くらいみたい」

●ぷにーんくん「こりゃ，誘惑がいっぱいだなあ」

ぷにーんくんが左の森を見ると，生い茂ったくさむらの中にカマキリが見つかりました．

●ぷにーんくん「つかまえていいかなあ」

●ぷにたろう「えーっ，これから寮に行くんだよ」

●ぷにーんくん「まあそこをなんとか」

●ぷにたろう「いやー，手続きとかもあるし，やめときなよ」

●ぷにーんくん「うーん，残念だなあ」

●ぷにたろう「これから通うんだから，いつでも捕まえられるって」

道は学校から離れて，森の中に入っていきます．

木が生い茂っている中を，道沿いに歩きます．

一度，小さな小川にかかった橋を渡りました．

魚がいないか探そうとするぷにーんくんを，ぷにたろうがせきたてます．

そしてすこし歩いていくと，突然目の前が開けて，広い原っぱになりました．

目の前には，3階建ての白い建物があります．

建物は垣根で囲われています．中央に玄関があり，そこから左右にいくつもの窓が広がっています．

●ぷにーんくん「着いたのかな」

●ぷにたろう「入ってみようか」

5.2　まるい先生

垣根の中央にある門をくぐると，寮の庭では管理人らしき人が，なにやら土いじりをしていました．

●ぷにたろう「あの人が管理人さんかな……？　先生っぽいかっこうをしているけど」
●ぷにーんくん「管理人さんじゃないの」
●ぷにたろう「とりあえず声をかけてみよう」

ぷにたろうは近づいていきました.

●ぷにたろう「こんにちは」
●まるい先生「こんにちは」
●ぷにたろう「管理人さんですか？」
●まるい先生「まあ，そんなところかな」
●ぷにたろう「寮に入れるって聞いて，来ました」
●まるい先生「ここの寮に入りたいのかな」
●ぷにたろう「そうです」
●まるい先生「こっちの君もかな」
●ぷにたろう「そうです．2人です」
●まるい先生「じゃあ2人とも，ついておいで」

管理人らしき人は立ち上がるとズボンについた土をはらって，玄関に入っていきました.
2人も後からついていきます.
広い玄関に入ると目の前には奥に向かう廊下があり，そのすぐ右には2階に続く階段があります.
廊下は左右にも延びていました.
3人は靴を脱いで棚に置き，階段を上がっていきます.

●まるい先生「今日来たばかりなのかな」
●ぷにたろう「はい」
●まるい先生「学校はどうだったかな」
●ぷにたろう「NLLをやりました」
●まるい先生「まあそうだろうね．その学校だからね」

管理人らしき人は，あっはっはと笑いました.

●まるい先生「難しかったかな？」
●ぷにたろう「いえ，そんなことはなかったです」
●まるい先生「今日きたのだと，演算や変数あたりをやったのかな」
●ぷにたろう「はい」
●まるい先生「今日はダイレクトモードまでだよね，きっと」

この管理人さん，なんだかやけに詳しそうだな，とぷにたろうは思いました.

●ぷにたろう「管理人さんも，NLLをやっているんですか？」
●まるい先生「先生もやっているからね」
●ぷにたろう「あ，そうなんですか」
●まるい先生「ぼくはまるい先生．よろしく」
●ぷにたろう「よろしくお願いします」
●まるい先生「そっちの君も，よろしく」

でもぷにーんくんは何か考えごとをしているようで，返事をしません．
さっきのカマキリが明日もいるかどうか，気になっているのです．

●ぷにたろう「ぷにーんくん，先生がよろしくだって」
●まるい先生「まあいいよ」
●ぷにたろう「すみませんこいつ，なんだか変わったやつでして……」
●まるい先生「ま，もの思いにふけるのは，悪いことじゃあないよ」

2階につくと，目の前にある部屋に入っていきました．
ドアは開けっぱなしです．

●まるい先生「それだけ集中できるってことだからね．プログラマ向きだよ」

そこはどうやら，リビングのようでした．
中にはところどころにテーブルや椅子がちらかっていて，生徒が本を読んだり，しゃべったりと，思い思いに過ごしています．

●まるい先生「ここでちょっと待っていてもらえるかな」
●ぷにたろう「はい」
●まるい先生「部屋の準備をしてくるから」

そう言うとまるい先生は，階段を下りていきました．

5.3　プログラムモード

まるい先生が行ってしまうと，すぐさまぷにーんくんが言い出しました．

●ぷにーんくん「ねえ，これやってみようよ」
●ぷにたろう「ええーっ，これから部屋に入るっていうのにせわしない」
●ぷにーんくん「まあ，待っている間たいくつだしさ」
●ぷにたろう「ハマッたみたいだねえ」

ぷにたろうも気がついていたのですが，リビングの壁には，教室で見たNLLの説明の紙が，ところ狭しと張ってあるのです．

●ぷにたろう「でもテーブルがいっぱいだよ」
●ぷにーんくん「ここでいいよ」

言うなりぷにーんくんは，部屋の隅の壁の脇に座ってしまいました．

●ぷにたろう「床に座ってプログラミングって，いかにもプログラマっぽいねえ……」

ぷにたろうはそう言うと，ぷにーんくんの隣に座ってリュックからPCを取り出します．
2人が座ったちょうど右側の壁に，紙が張ってあります．
2人はまず，その紙の上半分を読んでみました．

```
まず，これをやってみましょう．


nll> P.10
10

次に，これをやってみましょう．


nll> 1 P.10
```

●ぷにたろう「これはどういうことかな」
●ぷにーんくん「どういうことだろう」
●ぷにたろう「先頭に1がついているのと，そうでないのがあるね」
●ぷにーんくん「やってみようよう」

NLLを起動すると，ぷにたろうは紙に書かれたとおりに試してみました．

```
nll> P.10
10
nll> 1 P.10
nll>
```

●ぷにたろう「1をつけたほうは，何も起きないね」
●ぷにーんくん「そうだね」
●ぷにたろう「これはどういうことかな」

●ぷにーんくん「うーん，どういうことだろう」
●ぷにたろう「次の説明を読んでみようか」

紙の下半分には，こう書いてありました．

続けて，これをやってみましょう．

```
nll> LS.
1 P.10
nll>
```

続けて，これをやってみましょう．

```
nll> R.
10
```

●ぷにたろう「あ，10って出た」
●ぷにーんくん「実行されたみたいだね」
●ぷにたろう「R.ってやると，実行されるのかな」
●ぷにーんくん「そうみたい」
●ぷにたろう「でもってLS.ってやったときは，入れたプログラムが出たね」
●ぷにーんくん「それも，そうみたい」

先頭に「1」をつけて入力すると，そのプログラムは実行されずに保存されます．
保存したプログラムは，「LS.」で見ることができます．
また保存したプログラムは，「R.」で実行することができます．
実行は何度でもできます．何度も実行してみよう．

```
nll> R.
10
nll> R.
10
nll> R.
10
```

このようにプログラムをすぐに実行するのでなく，一度保存して「R.」で実行するのを，「プログラムモード」と呼びます．
入力したらすぐに実行するのは「ダイレクトモード」と呼びます．
ダイレクトモードでは，プログラムは保存されません．
プログラムモードでは，プログラムは保存されているので，「R.」で何度でも実行できます．

●ぷにーんくん「そういうことらしい」

●ぷにたろう「保存と実行が，別々になっているということか」

●ぷにーんくん「めんどくさいなあ」

●ぷにたろう「そうかなあ」

●ぷにーんくん「だって，打ったらすぐに実行してくれるのでいいんじゃないの」

●ぷにたろう「でもこっちのやり方だと，R.で何度でも実行できるよ」

●ぷにーんくん「まあ，それはそうか」

●ぷにたろう「そうだよ．毎回入力しなおすほうが面倒でしょ」

●ぷにーんくん「まあそうかな」

●ぷにたろう「使い分ければいいんじゃないのかな」

●ぷにーんくん「うん」

5.4 プログラムを消す

2人は隣の紙を見てみました．

保存したプログラムは「NW.」で消すことができます．

```
nll> NW.
nll> LS.
nll> R.
```

「NW.」で消した後なので，LS.やR.をやっても，何も起こりません．

●ぷにーんくん「保存したプログラムは，消すこともできるっていうことか」

●ぷにたろう「まあそりゃそうだよね」

さらに隣の紙には，こう書いてありました．

長いプログラムを入力してみましょう．

```
nll> 1 A=1
nll> 2 B=2
nll> 3 C=A+B
nll> 4 P.C
```

入力したら，「LS.」で確認してから「R.」で実行してみよう．

●ぷにたろう「行が複数あるときは，1から順にするんだね」

●ぷにーんくん「行の番号みたいなものなのかな」
●ぷにたろう「やってみようか」
●ぷにーんくん「ぼくが入力するよ」
●ぷにたろう「先生が戻ってくる前に，できるかな」
●ぷにーんくん「大丈夫だよ．3倍モードで入力するから」
●ぷにたろう「3倍モードってのはよくわかんないけど，まあやってみてよ」

実はまるい先生は，もう戻ってきているのです．
でも2人がプログラミングをやりたそうにしているのを見て，入口のところで様子を見つつ，ちょっと待っているのでした．

●ぷにーんくん「入力できたよ」
●ぷにたろう「え，ほんとに早いね」
●ぷにーんくん「3倍モードだからね」
●ぷにたろう「それはやっぱしわかんない」

5.5　バグを探す

2人は入力したプログラムを，実行してみました．

```
nll> R.
2
nll>
```

●ぷにーんくん「やった！　合っている！」
●ぷにたろう「いやいや間違っているよ！　1+2なんだから，3になるはずでしょ」
●ぷにーんくん「そうなのかな．2じゃダメなの？　1+2がなぜ3なのか説明できる？」
●ぷにたろう「それは意外に難しい疑問……，いやでもそういうことじゃなくて，とりあえず今のこれは間違いでしょ」
●ぷにーんくん「まあそうだね」
●ぷにたろう「バグだね」
●ぷにーんくん「虫だね」
●ぷにたろう「虫，好きだねえ」
●ぷにーんくん「妖精だからね」

妖精ってそうなんだっけ？　とぷにたろうは思いました．

●ぷにたろう「プログラムを入力するとき，どこか間違えたんでしょ」

●ぷにーんくん「まあそうだろうね」
●ぷにたろう「あれ，あんまり気にしてないね」
●ぷにーんくん「プログラムを間違えることなんて，日常茶飯事よくあることだよ」
●ぷにたろう「いきなりどうした」
●ぷにーんくん「バグなんて出て当り前くらいに思っていないと」
●ぷにたろう「まあ，バグ出していちいち泣いてたらきりがないってのは，実際あるよね」
●ぷにーんくん「実行するときは，初回はどうせまともに動かないだろうなあくらいのつもりでやらないと」
●ぷにたろう「あーそれは，わかるなあ」
●ぷにーんくん「ある意味，NLL始めて記念すべき第1回のバグとも言える」
●ぷにたろう「記念なのか」
●ぷにーんくん「いちいち気にしてたらいかんのです」

言い切ってから，ぷにーんくんは続けました．

●ぷにーんくん「さっさと調べて直しちまおう」
●ぷにたろう「とりあえず，入力したプログラムを見てみようか」

```
nll> LS.
1 A=1
2 B=1
3 C=A+B
4 P.C
```

●ぷにーんくん「さてこの中のどこかに，バグがあるわけだ」
●ぷにたろう「探すのたいへんとか思わないの？」
●ぷにーんくん「間違い探しみたいで，わくわくするね」
●ぷにたろう「まじかいな」
●ぷにーんくん「とくに，他人が書いたプログラムのバグ探しとか大好き」
●ぷにたろう「なんでまた」
●ぷにーんくん「えーっ，だって，自分にはバグの責任無しだから見つければヒーローだし，好き勝手言えるじゃん」
●ぷにたろう「そりゃまたプログラマ気質だねえ……」

そんな話を2人でしながら見ていると，ぷにたろうがさっそく見つけました．

●ぷにたろう「あ，ここ，Bが1になってるよ」

2行目のことです.

●ぷにーんくん「ホントだ. オリジナルではBを2にしてるから, ここだね」
●ぷにたろう「見本のことをオリジナルって……, ホント, プログラマっぽいなあ」

5.6　質問するときのくふう

●ぷにーんくん「でもこれ, どうやって直したらいいんだろ」
●ぷにたろう「そうだね. 困ったね」

そこに都合良く, まるい先生が戻ってきました.

●まるい先生「2人とも, どうしたかな」
●ぷにたろう「あ, 先生, ちょうどよかった」
●ぷにーんくん「先生バグ出して原因はわかってるんですけどわかんなくてわかるところまではわかっているんですけどどうしましょう」
●まるい先生「待て待て」

いきなりやつぎばやに話し出したぷにーんくんに, まるい先生は言いました.

●まるい先生「何がわかっていて, 何がわからないのか説明できるかな」
●ぷにたろう「ええと」
●ぷにーんくん「原因はわかってるんですけど, でもわかんないんです」
●ぷにたろう「だからそうじゃなくて」
●まるい先生「人に質問するときに, うまく説明できることは大事だよ. その訓練だね」
●ぷにたろう「はい」
●まるい先生「ぷにーんくんみたいな聞きかただと, 欲しい答えももらえないもんだよ」
●ぷにーんくん「がびーん」

まるい先生は, 思いました.
2人は質問のしかたがまだよくわからないようだな.
助け船を出してあげよう.

●まるい先生「まず聞きたいことを, 詳しく, 単刀直入に言ってごらん」
●ぷにたろう「まず聞きたいのは, 入力したプログラムの修正方法です」
●まるい先生「そうだ, とくに用語は正確に使ってね」
●ぷにたろう「プログラムモードでの話です」
●まるい先生「いいね. 用語を正確に使うことで, 聞きたいことが正確に伝わるようになるよ」

●ぷにたろう「はい」
●まるい先生「それで，次は何をやって，結果はどうだったのかを言ってごらん」
●ぷにたろう「プログラムは，こっちの紙のと，こっちの入力したのがあります」
●まるい先生「やったことと結果は，別々にして説明してごらん」
●ぷにたろう「あ，はい．まず，この紙のとおりにプログラム入力しました」
●まるい先生「ふんふん」
●ぷにたろう「で，入力したプログラムはこれです」

ぷにたろうは，自分のPCの画面を見せました．

●まるい先生「なるほど．これね」
●ぷにたろう「で，答えが2と3で，違っているんです」
●まるい先生「推測と，実際に確認したことは，別々に区別して言ってごらん」
●ぷにたろう「推測では3になるはずだと思っているんですけど，実際にやってみると2でした」
●まるい先生「いいね．それで，どこまで調べたかな」
●ぷにたろう「はい．入力したプログラムを調べて，2行目に打ち間違いがあることは見つけました」
●まるい先生「原因は，わかっているわけだね」
●ぷにたろう「はいそうです」
●まるい先生「じゃ，あとは直すだけなんだね」
●ぷにたろう「はいそうです．で，その直しかたがわからないんです」

言われてまるい先生は，首をかしげました．

●まるい先生「ん？　紙のオリジナルと同じに直せばいいんじゃないのかな」
●ぷにたろう「そうなんですけど，そのためにNLLをどう操作すればいいかがわからないんです」
●まるい先生「あーなるほど」

どうやらまるい先生には，ぷにたろうが聞きたいことは伝わったようです．

●まるい先生「プログラム自体の質問ではなく，操作方法の質問なわけだね」
●ぷにたろう「そうです．質問の種類も説明しないといけないっていうことなんですね」

ぷにーんくんは，このやりとりをぼんやり聞いていました．
なんでこんなに詳しく聞くんだろう？　早く直しかたを教えてくれればいいのに．
しかしまるい先生は，すかさずこう言ってきました．

●まるい先生「早く直しかた教えてくれって思っているかもしれないけど，こういうやりとりは大
　　事なんだよ」

ぷにーんくんは，心の中を見透かされたようでドギマギして答えます．

●ぷにーんくん「は，はい」
●まるい先生「今は，間違いは何か，聞きたいことは何かの認識合わせをしているんだよ」
●ぷにーんくん「それは，なんだかわかります」
●まるい先生「これが無いと，見当外れの答えのまま後の作業が進んだり，うまくいかなくてまた聞いての堂々巡りになったりするからね」
●ぷにーんくん「うーん……，よくわからないけど，よくわかりました」

まるい先生は，思いました．
これは，詳しい理由はよく理解できないけど，でも大事だということはよくわかったので大丈夫です，ということなんだろう．
この子はプログラマ気質がありそうだから，これでたぶん大丈夫だな．

そして，こうも思いました．
もう1人の子のほうは，すごく素直で，的確だ．
このコンビはいいかもしれない．気質面と技能面で，良い感じで補え合いそうだ．
なんだか仲もよさそうだし．

5.7　超能力者!?

●まるい先生「じゃあ，NLLのプログラムモードの操作のしかたを教えよう」
●ぷにたろう「ありがとうございます」
●まるい先生「まあ実はこっちのシートに説明があってね」
●ぷにーんくん「ええっそうなんですか．有難みが……」
●まるい先生「半減とか思ってるんじゃないっつーの」
●ぷにーんくん「ああまた心が読まれている」
●まるい先生「まあ半減だけどね」

笑ってまるい先生が取り出したシートには，こう書いてありました．

（行の移動）「2　1」のように空白で開けて入力すると，2行目を1行目に移動します．

```
nll> LS.
1 A=1
2 B=1
3 C=A+B
4 P.C
```

```
nll> 2 1
nll> LS.
1 B=1
2 A=1
3 C=A+B
4 P.C
nll> 2 1
nll> LS.
1 A=1
2 B=1
3 C=A+B
4 P.C
nll>
```

●ぷにたろう「え？　なんでこのシート，都合よく今書いたプログラムで説明してあるんですか!?」
●まるい先生「まあそんな予感がしてね」
●ぷにたろう「エスパーですか!?」
●ぷにーんくん「予知能力？　テレパシー!?」
●まるい先生「先生も長くやっていると，これくらいは予想できるようになるもんだよ」
●ぷにーんくん「すげえ……」
●まるい先生「半減しなくて済んだかな」
●ぷにたろう「2行目を1行目に移動できていますね」
●ぷにーんくん「でもやりたいことは，行の修正なんですけど」
●まるい先生「まああせらずに」
●ぷにたろう「この例では，最初の2 1のところで1行目と2行目が入れ替わって，次ので元に戻っていますね」
●まるい先生「そういうことだね．戻すこともできるわけだから，いろいろいじってみて，移動の感覚をつかむといいね」

5.8　プログラムを直す

そして次にまるい先生が取り出したシートは，こう書かれていました．

（行の削除）「2」のように入力すると，2行目を削除します．
（行の追加）「2 B=1」のように入力すると，2行目に新しい行を追加します．

```
nll> LS.
1 A=1
```

```
2 B=1
3 C=A+B
4 P.C
nll> 2
nll> LS.
1 A=1
2 C=A+B
3 P.C
nll> 2 B=1
nll> LS.
1 A=1
2 B=1
3 C=A+B
4 P.C
nll>
```

●ぷにーんくん「また予知している……」

●まるい先生「そりゃそうだよ」

●ぷにたろう「追加と削除もできるということですね」

●ぷにーんくん「なんだか行の番号を入れるのが手間だなあ」

●まるい先生「それは，そうだね」

●ぷにーんくん「プログラムの入力なんて，どうせ最後の行に追加することがほとんどなんだから，そうしてくれればいいのに」

まるい先生はにこにこしながら，次のシートを取り出しました．

```
0は最終行を指します．
 （最終行への追加）「0 C=1」のように行番号を0として入力すると，最後の行として追加します．
 （最終行の削除）「0」のように入力すると，最終行を削除します．
 （最終行への移動）「2 0」のように入力すると，2行目を最終行に移動します．


 nll> LS.
 1 A=1
 2 B=1
 3 C=A+B
 4 P.C
 nll> 0 C=1
 nll> LS.
 1 A=1
```

```
2 B=1
3 C=A+B
4 P.C
5 C=1
nll> 0
nll> LS.
1 A=1
2 B=1
3 C=A+B
4 P.C
nll>
```

●ぷにたろう「これも予知か……」
●ぷにーんくん「もう驚かなくなってきた」
●まるい先生「これで行の入れ換えみたいなことは，だいたい大丈夫かな」
●ぷにたろう「でも，Bがまだ1のままですよ」
●ぷにーんくん「それってなんだっけ」
●ぷにたろう「あ，本来の目的を忘れてる」
●まるい先生「前置きの説明が長すぎたかな」

まるい先生は，ちょっと反省したように言いました．

●まるい先生「いろいろやっているうちに，本来なにやりたかったかを忘れることって，よくある
　　よねえ」
●ぷにーんくん「あるある」
●ぷにたろう「もともとは，2行目がB=1になっているのが間違っている，っていう話だよ」
●ぷにーんくん「そうだっけ」
●ぷにたろう「そうだよ．それをB=2に直したいっていう話」

言ってぷにたろうは，もともとやっていた紙を指さして，言いました．

●ぷにたろう「ほらこれだよ」
●ぷにーんくん「そんなのもうどうでもいいよ」

ぷにーんくんはあっさりと言いました．

●ぷにーんくん「新しいことを知ることができたわけだし」
●ぷにたろう「ええーっ，気になるじゃない」

●ぷにーんくん「まあ，どっちでもいいけど」

●ぷにたろう「ぼくは，ちゃんと修正して試したいです」

●まるい先生「次はいよいよ修正だよ」

そう言ってまるい先生が取り出した紙には，こう書いてありました．

```
移動するときに行の内容を書くと，内容を修正して移動させることになります．
「2 1 C=1」のように入力すると，内容をC=1に書き換えて，2行目を1行目に移動します．
「2 2 B=2」のように入力すると，2行目の内容を書き換えます．


 nll> LS.
 1 A=1
 2 B=1
 3 C=A+B
 4 P.C
 nll> 2 2 B=2
 nll> LS.
 1 A=1
 2 B=2
 3 C=A+B
 4 P.C
 nll> R.
 3
 nll>


 いろいろ操作してみて，試してみよう！
```

●まるい先生「これでわかるかな」

●ぷにたろう「はい，これでやってみます」

●ぷにーんくん「修正箇所まで予知されているとは」

●まるい先生「パーフェクト・ティーチャーと呼んでくれてもいいよ」

●ぷにたろう・ぷにーんくん「パーフェクト・ティーチャー!!」

●まるい先生（ほんとに言った……）

5.9　プログラムを保存する

●ぷにたろう「そういえばこれ，プログラムの保存ってできるんですか」

●まるい先生「セーブのことだよね．できるよ」

●ぷにーんくん「保存は今でもできてるじゃん」

●ぷにたろう「そうじゃなくて，PCの電源切っても保存しておいてまたできるようにするってこと」

●ぷにーんくん「そんなことできるの⁉」
●ぷにたろう「そりゃ普通できるよ」
●ぷにーんくん「そうなのか……」
●ぷにたろう「できなきゃ不便でしょうがないでしょ」
●まるい先生「SAVEでファイル名を指定して，保存だね」

```
nll> SAVE "sum.nll"
```

ぷにたろうはPCに，sum.nllというファイルが作成されたことを確認しました．

●ぷにたろう「あ，sum.nllっていうファイルができたみたい」
●まるい先生「保存したプログラムは，LOADで戻せるよ」
●ぷにたろう「まず，今あるのを消してみよう」

```
nll> NW.
nll> LS.
nll> R.
nll>
```

●ぷにたろう「で，ロードしてみよう」

```
nll> LOAD "abc.nll"
nll> LS.
1 A=1
2 B=2
3 C=A+B
4 P.C
nll> R.
3
nll>
```

●ぷにたろう「ほんとだ．戻ったみたい」
●ぷにーんくん「これって，PCの電源を切っても保存されているってこと？」
●ぷにたろう「たぶん，そう」
●ぷにーんくん「明日またやってみようっと」

5.10 アイディアがよく出る環境

その後，2人はまるい先生に案内されて，部屋に入りました．
部屋は3階の廊下を少し歩いたところにありました．

部屋に入ると右側に二段ベッド，奥と左には机があります．
2人部屋のようです．

●まるい先生「あとは自由時間だから，まあゆっくりして」
●ぷにたろう「ありがとうございます」
●まるい先生「夕食は6時から8時の間に，食堂でね．大浴場は8時まで」
●ぷにたろう「お風呂，早いなあ」
●ぷにーんくん「朝のですか？」
●ぷにたろう「いや夜のでしょ」
●まるい先生「朝のだよ」
●ぷにたろう「ええっ⁉　夜中もお風呂に入れるんですか⁉」
●ぷにーんくん「やったー」
●まるい先生「お風呂は，アイディア出しや問題解決の良い空間だからね」
●ぷにーんくん「それはすごく，わかります」
●まるい先生「アイディアはお風呂と，あとプラプラ歩いているときによく出るね」
●ぷにたろう「夕食まで時間があるね」
●ぷにーんくん「そうだね」
●ぷにたろう「ちょっと復習をしておこうかな」
●ぷにーんくん「ぼくは息抜きでもするかな」
●ぷにたろう「何するの」
●ぷにーんくん「NLL」
●ぷにたろう「復習したいならいっしょにやろうよ」
●ぷにーんくん「違うよ．書いてみたいものを書くんだよ」
●ぷにたろう「何が書きたいの」
●ぷにーんくん「今日書いたプログラムを，何度も書いて試してみたい」
●ぷにたろう「それは復習なのでは」
●ぷにーんくん「全然違うってば．これは息抜きのプログラミング」
●ぷにたろう「そういうものなのか？　わからん……」
●まるい先生「やりたいことがあるのなら，2階の自習室に行けばPCがあるよ」
●ぷにーんくん「じゃあ6時には戻ってくるね」

そう言ってぷにーんくんは，自習室に行ってしまいました．

●ぷにたろう「そういうもんなんですかねえ」
●まるい先生「そういうもんだよ」
●ぷにたろう「そういうもんですか」
●まるい先生「好きにさせておいてあげるのがいいよ」
●ぷにたろう「まあ別に，止める気はないですけど」

●まるい先生「プログラミングの最初のうちって，同じものを何度も繰り返し書いたりするもんだよ」
●ぷにたろう「それは確かに，ぼくもそうだったかも」
●まるい先生「あれって，自分ができることを何度も確認しているってことなんだよ」
●ぷにたろう「ああなるほど」
●まるい先生「それで，自分はどこまでできるかを知って，自信をつけているんだよ」
●ぷにたろう「そういうことなんですね」
●まるい先生「だから，無理に先に進めさせたりせず，好きにさせておいてあげるのがいいんだよ」

その日は食堂で夕食を食べたあと，2人はのんびりとお風呂に入りました．
大浴場はひろびろしていて，プログラミングのことをゆっくりと考えることができそうでした．
部屋に戻ってから，2人は明日のことを話しました．

●ぷにーんくん「明日は何をやるんだろう」
●ぷにたろう「ループを回すか，入力させるか，文字列か，とかってさっき聞いたかな」
●ぷにーんくん「決まってないのかな」
●ぷにたろう「そうみたいだね」
●ぷにーんくん「じゃあループがいいかなあ」
●ぷにたろう「プログラミングっぽくて，いいかもね」
●ぷにーんくん「ついにループを回すのか」
●ぷにたろう「プログラミングっぽくなってくるね」
●ぷにーんくん「そうだね」

ぷにーんくんはベッドにもぐりこむと，思いました．
そもそも，ループって，何だろう？

明日はいよいよ，ループです．

第6章　ループを回そう

6.1　暑い夏の日

朝は，気持ち良く晴れました．
寮の部屋にさしてくるまぶしい光で，2人は目が醒めました．
今日も，暑くなりそうです．

2人は朝食をすませると，学校へ向かいました．
外に出ると，草のにおいがむんむんとしてきます．

● ぷにたろう「これは，いい天気だねえ」
● ぷにーんくん「カマキリいるかな」
● ぷにたろう「暑くなりそうだけど」
● ぷにーんくん「ちょうどいいかな」
● ぷにたろう「飲物が，ほしいなあ」

そういえば水筒を持ってこなかったな，とぷにたろうは思いました．

● ぷにーんくん「まあ，あちーあちー言いながらプログラミングするのも，いいもんだよ」
● ぷにたろう「そんなもんか」
● ぷにーんくん「ぼくはけっこう好きだなあ」
● ぷにたろう「水筒って持ってる？」
● ぷにーんくん「持ってないし，もともと持ってないよ」

今持ってもいないし，そもそも初めから持っていない，という意味のようです．

● ぷにたろう「まあ水くらい，あるだろうけど」
● ぷにーんくん「あ，カマキリ」

ぷにーんくんは見つけたカマキリを躊躇せず捕まえましたが，入れる虫カゴも無く，残念そうにくさむらに戻しました．

● ぷにーんくん「帰るときまで，いるかな」
● ぷにたろう「いないでしょ」

●ぷにーんくん「むー」
●ぷにたろう「捕まえてどうするの」
●ぷにーんくん「寮で飼えたらと」
●ぷにたろう「飼っていいのかなあ」
●ぷにーんくん「カマキリくらいならいいんじゃない」
●ぷにたろう「餌がたいへんだよ」

学校につくと，2人は2階に行ってみました．
階段を出ると廊下はずっと先まで続いていて，たくさんの教室が見えます．

●ぷにたろう「教室は，自分で好きに選ぶみたいだよ」
●ぷにーんくん「どこにしようかな」
●ぷにたろう「昨日言ってたし，ループでしょ」

2人は「ループの教室」と書かれている教室に入っていきました．

6.2　ゼロから順番に

教室には何人かの子供がいて，それぞれ，自由にプログラミングをしているようです．

●ぷにたろう「勝手にやれば，いいみたいだね」
●ぷにーんくん「また壁に紙が張ってあるみたい」
●ぷにたろう「まずはこれかな」

```
1から10までの数を表示してみましょう．


1 LP.N,10
2 P.N
3 LE.
```

●ぷにたろう「ただやればいいだけなのかな」
●ぷにーんくん「やってみようよ」

ぷにたろうはリュックからPCを取り出すと，電源を入れました．
NLLを起動します．

●ぷにたろう「起動した」

●ぷにーんくん「ぼくがやってみようか」

言うなり，ぷにーんくんはキーボードを叩き始めました．

```
nll> 1 LP.N,10
nll> 2 P.N
nll> 3 LE.
nll> LS.
1 LP.N,10
2 P.N
3 LE.
nll>
```

●ぷにたろう「速いねえ」
●ぷにーんくん「そうかな」
●ぷにたろう「もう打ち終わった」
●ぷにーんくん「R.で実行だよね」

そして実行してみます．

```
nll> R.
0
1
2
3
4
5
6
7
8
9
nll>
```

●ぷにーんくん「おお，どばっと出てきた」
●ぷにたろう「1から10まで，出てきたね」
●ぷにーんくん「3行しか書いてないのに」
●ぷにたろう「ループを回したからかな」
●ぷにーんくん「ループって何？」
●ぷにたろう「え，知らないの⁉」
●ぷにーんくん「そりゃ知らないよ」

●ぷにたろう「昨日，知っているみたいな感じで話していたじゃない」
●ぷにーんくん「いや知らないよ」
●ぷにたろう「そうなのか……」

どう説明したもんかな，とぷにたろうは考えました．

●ぷにたろう「ループっていうのは，ある処理を繰り返すことだよ」
●ぷにーんくん「うん」
●ぷにたろう「これだと，LP.ってところに10って書かれているよね」
●ぷにーんくん「そうだね」
●ぷにたろう「だから，10回繰り返すんじゃないかな」
●ぷにーんくん「何を？」
●ぷにたろう「2行目の，P.Nを，だと思う」
●ぷにーんくん「ふむ」
●ぷにたろう「LE.っていうところまでを繰り返すんじゃあないのかな」
●ぷにーんくん「LP.からLE.までの間を，10回繰り返す，ってことか」
●ぷにたろう「そんな気がするね」
●ぷにーんくん「でも，0から9まで出ているよ」
●ぷにたろう「うん」
●ぷにーんくん「P.Nを10回繰り返したら，同じ数が10個出るんじゃないのかなあ」
●ぷにたろう「たぶん，変数Nが繰り返すたびに増えていくんだろうね」
●ぷにーんくん「最初はゼロから始まって，1ずつ増えていく，ということか」
●ぷにたろう「たぶんそう」

6.3　大きな数

●ぷにーんくん「もっと大きな数でやってみようよ」
●ぷにたろう「また大きな数か」

ぷにたろうは昨日，ぷにーんくんがとんでもなく大きな数の計算をやりたがったことを思い出しました．

●ぷにたろう「まあいいけど」
●ぷにーんくん「まずは1万回，回してみよう」

言ってぷにーんくんは，こう入力しました．

```
nll> 1 LP.N,10000
nll> R.
0
1
2
3
4
5
6
7
8
9
nll>
```

●ぷにーんくん「あれ，変わんないぞ」
●ぷにたろう「変わらないね」
●ぷにーんくん「どういうことだろ」
●ぷにたろう「まずはプログラムを見てみよう」

```
nll> LS.
1 LP.N,10000
2 LP.N,10
3 P.N
4 LE.
nll>
```

●ぷにーんくん「あれ，10まで繰り返すの行が残っちゃってる」
●ぷにたろう「あー，行の入力は追加になるんだっけ」
●ぷにーんくん「2行目を消せばいいのかな」
●ぷにたろう「たしか2ってやると，2行目が消えるんだったよね」

```
nll> 2
nll> LS.
1 LP.N,10000
2 P.N
3 LE.
nll>
```

●ぷにーんくん「あ，消えた」
●ぷにたろう「これで実行してみよう」

```
nll> R.
...
9995
9996
9997
9998
9999
nll>
```

●ぷにーんくん「うわーこりゃまたどばっと出たぞ」
●ぷにたろう「1万個出ているのかな」

6.4 止まらない！

●ぷにーんくん「行の修正って，どうするんだっけ」
●ぷにたろう「たしか1行目を修正したいなら，1を空白を開けて2回，書くんじゃなかったかな」
●ぷにーんくん「『1 1』って感じ？」
●ぷにたろう「そう」

それを聞いてぷにーんくんは，こう入力しました．

```
nll> 1 1 LP.N,10000000000
```

●ぷにーんくん「次はこれで」
●ぷにたろう「減らすんじゃなく，増やすのかい」
●ぷにーんくん「まあそうでしょ」
●ぷにたろう「もうよくわかんないね」
●ぷにーんくん「まあやってみようよ」

```
nll> R.
...
```

実行すると，大量の数が出てきて止まりません．

●ぷにーんくん「うーわー」
●ぷにたろう「止まらないよ！」
●ぷにーんくん「止まらない！」
●ぷにたろう「止まらないよ！」
●ぷにーんくん「とーまーらーなーいー」

そこに，まるい先生がやってきました．

●まるい先生「お，やっているね」

6.5　ループはすごい！

●まるい先生「なんだかとんでもなく大きい数にしたのかな」
●ぷにたろう「そうなんです」
●ぷにーんくん「止まらなくなっちゃって」
●まるい先生「まあ，大きな数を入れてみるというのはいいことだよ」
●ぷにたろう「どうしたら止まるんですか」
●まるい先生「まあ別に，壊れるわけじゃなし」

まるい先生は，落ち着いて言いました．

●まるい先生「とりあえず，放っておいてみようか」

とりあえず止めるんじゃなく，とりあえずそのままにしてみるようです．
なんでだろう？　とぷにたろうは思いました．

●まるい先生「まあこういう，放っておいたらいつまでも続くことってすごいことだよ」
●ぷにーんくん「そんなもんですか」
●まるい先生「だって，たとえば$C = A + B$っていう計算は，自分たちでもできるでしょ」
●ぷにたろう「まあそれは，そうですね」
●まるい先生「でも，何かを繰り返しやるとなると，話は違ってくると思わないかい」
●ぷにーんくん「どういうこと？」
●まるい先生「たとえば，何かを100回，繰り返しやるとしよう」
●ぷにたろう「何かって，どんなことでしょう」
●まるい先生「そうだね．0から99までの数を書き出すとかかな」
●ぷにたろう「はい」
●まるい先生「まあそれだと100回だから，それくらいなら，まあできるかとは思うよね」
●ぷにたろう「まあ，できますけど」
●まるい先生「でもそれが10000回とか言われたら，ちょっと考えちゃうよね」
●ぷにーんくん「0から9999までの数を全部書け，ってことですか？」
●ぷにたろう「それはちょっと，やりたくないですね」
●まるい先生「さらにそれが0から999999までだったらどうかな？」
●ぷにたろう「もうどれくらい時間がかかるのかも想像つかないです」
●まるい先生「そうだよね」

まるい先生はぽん，と手を叩いて言いました．

- ●まるい先生「それをプログラムがやってくれているわけだ」
- ●ぷにーんくん「それは確かに，そうですね」
- ●まるい先生「だからループを回して何かを繰り返すっていうのは，プログラムならではの作業と言えるんだよ」
- ●ぷにーんくん「そんなもんですか」

ああだから，止めるんじゃなく放っておいているのか．
なるほどなあと，ぷにたろうは思いました．

6.6　時間で考える

- ●ぷにーんくん「でもこれがどれくらい便利になっているのか，ちょっと見当つかないです」
- ●ぷにたろう「まあ，やみくもに大きな数でループしているからねえ」
- ●ぷにーんくん「10000くらいなら見当もつくけど，大きすぎてちょっとよくわからない」
- ●まるい先生「そういうときは，時間で考えるといいよ」
- ●ぷにーんくん「時間って？」
- ●まるい先生「そうだね．ちょっと止めてみようか」
- ●ぷにたろう「やっぱり止める方法は，あるんですね」
- ●まるい先生「Ctrl＋Cで止められるよ」
- ●ぷにーんくん「どういうことでしょう」
- ●ぷにたろう「Ctrlっていうキーを押しながら，Cを押すんだよ」
- ●ぷにーんくん「そうなんだ」
- ●ぷにたろう「グラフィックで前にやったじゃない」

ぷにたろうはキーボードの左下にある「Ctrl」というキーを押しながら「C」キーを押してみました．

```
...
34718414
34718415
34718416
34718417
34718418


Break at: LE.
nll>
```

- ●ぷにーんくん「お，止まった」

●ぷにたろう「止まったね」

●まるい先生「さっきプログラムの実行を始めてから，ちょうど2分だね」

●ぷにたろう「え，計っていたんですか？」

●まるい先生「まあこんな話になる予感がしたからね」

●ぷにーんくん「切りがいい時間でよかった」

●まるい先生「まあそうなるくらいのタイミングで話したからね」

●ぷにたろう「え，時間までうまく合わせたんですか⁉」

●ぷにーんくん「さすがパーフェクト・ティーチャー……」

●まるい先生「34718418ってところで，止まったね」

●ぷにたろう「はい」

●まるい先生「だいたい3500万回くらい，繰り返されたっていうことだね」

●ぷにたろう「そういうことになります」

●まるい先生「元のプログラムを見せてもらおうかな」

すかさずぷにーんくんが操作しました．

```
nll> LS.
 1 LP.N,10000000000
 2 P.N
 3 LE.
nll>
```

●まるい先生「えーっと，これだと，100億回，っていうことになるかな」

●ぷにーんくん「それがもうどれくらい大きいのかも見当つかず」

●まるい先生「まあ正直，1億も1兆も，大きすぎてピンとこないよねえ」

●ぷにーんくん「すごく大きな数という意味では，1億も1兆もたいして変わらない感じもしちゃいます」

●まるい先生「まあそうだよねえ」

まるい先生は，うんうんとうなずきながら言いました．

●まるい先生「そこで，時間で考えてみよう」

●ぷにーんくん「どーゆーことでしょうか」

●まるい先生「ところでさっきはだいたい2分，つまり120秒で3500万回，繰り返されていたよね」

●ぷにたろう「はい」

●まるい先生「10000でやったときは，どうだった？」

●ぷにーんくん「すぐに終わりました」

●ぷにたろう「時間を計るまでもなく，終わっちゃう感じです」

●まるい先生「だろうねえ」

まるい先生は，説明を続けます．

●まるい先生「でも時間を計ってみると，120秒で3500万回くらい，ということは言えるわけだ」
●ぷにーんくん「そうですね」
●まるい先生「すると100億回ループするのにかかる時間は，100億÷3500万×120で計算できる」
●ぷにたろう「えーっと，いくつだろう」

PCで電卓を起動しようとしたぷにたろうに，ぷにーんくんが言いました．

●ぷにーんくん「それこそ，NLLで計算すればいいんじゃない」
●ぷにたろう「そりゃそうだ．えっと……」

```
nll> P.10000000000/35000000*120
34200
nll>
```

●まるい先生「34200秒，っていうことだね」
●ぷにたろう「いったい何時間なんだろう」
●ぷにーんくん「それもNLLで計算すればいいじゃん」
●ぷにたろう「おっとそりゃそうだなあ……．えっと……」

```
nll> P.34200/60
570
nll> P.34200/60/60
9
nll>
```

●まるい先生「570分で，だいたい9時間くらいということになるね」
●ぷにーんくん「9時間かー」
●まるい先生「10000までならすぐに出るのに，100億だと9時間もかかるということになるね」
●ぷにたろう「なんだか，とっても大きな数という実感は湧きます」
●まるい先生「ただそのまま放っておけば，夜には終わっていることにはなるね」
●ぷにたろう「プログラムの実行は，再開できるんですか」
●まるい先生「c.で再開できるよ」
●ぷにたろう「やってみよう」

```
nll> C.
...
```

再び，大量に数が出てきました．

●ぷにーんくん「止めかたはわかっているので，今度は安心して見てられるなあ」
●ぷにたろう「しかしこのまま続けたら，9時間かー」
●まるい先生「まあそんなに時間かかる作業でも，放っておくだけでプログラムがやってくれるということだよ」
●ぷにーんくん「なんだかループのすごさがわかった気がする」
●まるい先生「もちろん時間は，実行しているPCによって変わってくるけどね」
●ぷにたろう「速いPCでやれば，もっと早く終わる，ということですよね」
●まるい先生「そうだね」
●ぷにーんくん「これを使えば，PCの速さを測ることもできるのかな」
●まるい先生「良い目線だね．そういうことにもなるね」

6.7　1から始める

まるい先生は，他の生徒の様子を見に行ったようです．

●ぷにーんくん「なんだかループがすごいものと思えてきた」
●ぷにたろう「ぼくも，ああいう説明は初めて聞いたなあ」
●ぷにーんくん「続けてみようよ」

2人は壁に張ってある紙を見ます．

```
いろんなループを試してみましょう．
（1から始まる）


 1 LP.N,10,1
 2 P.N
 3 LE.
```

●ぷにたろう「まず，この実行中のやつを止めようよ」

言ってぷにたろうは，100億回ループのプログラムをCtrl＋Cキーで止めました．

●ぷにーんくん「またぼくが打つよ」

ぷにーんくんがキーボードを叩き始めます.

●ぷにーんくん「できた」
●ぷにたろう「実行してみよう」

```
nll> R.
...
144732
144733
144734
...
```

●ぷにたろう「あれれ，なんだかさっきと同じだ」
●ぷにーんくん「うひー，どうなってんの」
●ぷにたろう「Ctrl＋Cで止めて，プログラムを見てみよう」

```
...
810721
810722
810723

Break at: LE.
nll> ls.
1 LP.N,10,1
2 P.N
3 LE.
4 LP.N,10000000000
5 P.N
6 LE.
nll>
```

●ぷにたろう「なんだかプログラムが混ざっているよ」
●ぷにーんくん「あ，さっきのプログラムを消さずに新しいの打っちゃったかも」
●ぷにたろう「あーそれだ」
●ぷにーんくん「どうやって消すんだっけ」
●ぷにたろう「ちょいまち」

ぷにたろうはノートをめくって，言いました.

●ぷにたろう「あった．NW.でいいみたい」

●ぷにーんくん「いつの間にそんなメモを」
●ぷにたろう「いつの間にって……，ぼくいつも書いてるじゃない」
●ぷにーんくん「気がつかなかった」
●ぷにたろう「後で調べられるように，フツー，ノートとるでしょ」
●ぷにーんくん「ぼくは，あまりノートとらないなあ」
●ぷにたろう「とればいいのに」
●ぷにーんくん「うーん，プログラミングしてるときは，そっちに集中したいんだよねえ」
●ぷにたろう「まあいいけど」

ぷにーんくんは NW. でプログラムを消しました.

```
nll> NW.
nll> LS.
nll>
```

●ぷにたろう「あ，全消ししちゃうんだ」
●ぷにーんくん「まあややこしくなるから，もう一度打つよ」

```
nll> 1 LP.N,10,1
nll> 2 P.N
nll> 3 LE.
nll> LS.
1 LP.N,10,1
2 P.N
3 LE.
nll>
```

●ぷにーんくん「できた」
●ぷにたろう「こんどは確認したね」
●ぷにーんくん「まあ実行前に一度軽く確認するくらいは，してもいいかもと思って」
●ぷにたろう「お，なんかぷにーんくんっぽくないね」
●ぷにーんくん「さっきがそれでミスったからねえ」
●ぷにたろう「まあ実行してみようか」

```
nll> R.
1
2
3
4
5
```

```
 6
 7
 8
 9
 10
nll>
```

● ぷにたろう「1から10までが，出てきたね」

● ぷにーんくん「さっきと同じじゃないの？」

● ぷにたろう「さっきは0から9までだったよ」

● ぷにーんくん「違いはなんだろ」

● ぷにたろう「違いはLP.の行だね」

● ぷにーんくん「そうだっけ」

● ぷにたろう「さっきのは，こうなってたよ」

```
1 LP.N,10
```

● ぷにたろう「そして今度のは，こうなっている」

```
1 LP.N,10,1
```

● ぷにたろう「10はループ回数だけど，その次に1って書いておくと，1から始まるみたい」

● ぷにーんくん「なるほど」

6.8　2ずつ増やす

● ぷにたろう「次のもやってみようか」

● ぷにーんくん「これかな」

2人は壁の紙を見ます．

いろんなループを試してみましょう．
（1から始まり2ずつ増えて10回）

```
1 LP.N,10,1,2
2 P.N
3 LE.
```

LP.の値をいろいろ変えて，試してみよう！

●ぷにーんくん「こんどは消すのを忘れないよ」

```
nll> NW.
nll> 1 LP.N,10,1,2
nll> 2 P.N
nll> 3 LE.
nll> LS.
1 LP.N,10,1,2
2 P.N
3 LE.
nll>
```

●ぷにーんくん「実行してみよう」

```
nll> R.
1
3
5
7
9
11
13
15
17
19
nll>
```

●ぷにーんくん「1から始まって，2ずつ増えているみたい」
●ぷにたろう「LP.には，ループ回数の次に最初の数を書いて，その次に増え幅を書けるのかな」
●ぷにーんくん「なるほど」
●ぷにたろう「書かないと，最初の数は0，増え幅は1になるのだと考えるとつじつまは合いそう」
●ぷにーんくん「そういうことかー」
●ぷにたろう「いろいろ試せって書いてあるし，いろいろ試してみようか」
●ぷにーんくん「えーっと，1行目を書き換えるには，1 1ってやればいいんだよね」

2人はLP.の値をいろいろ変えて，結果がどうなるか試しはじめました．
ぷにたろうは，ぷにーんくんがいつの間にか上履きと靴下を脱いで裸足になっていることに気がつきました．
でも，そんなもんなんだろうと思って，放っておきました．

6.9　2重のループ

2人がプログラムをいろいろ書き変えて試していると，またまるい先生がやってきました.

- ●まるい先生「やっているかな」
- ●ぷにたろう「いろいろ試しています」
- ●ぷにーんくん「でもどれも数字が変わるだけで，動きはあまり変わらないかなあ」
- ●まるい先生「じゃあこれをやってごらんよ」

そう言うとまるい先生は，1枚の紙を出して言いました.

```
かけ算九九

1 LP.N,9,1
2 LP.M,9,1
3 FPRINT(" ", N*M)
4 LE.
5 P.
6 LE.
```

- ●ぷにーんくん「お，長い」
- ●ぷにたろう「2重ループですか」
- ●ぷにーんくん「2重ループって？」
- ●ぷにたろう「LP.の次にすぐまたLP.があるでしょ」

ぷにたろうは，2行目のLP.を指さして言いました.

- ●ぷにたろう「つまり，ループの中にループが入っているんだよ」
- ●ぷにーんくん「ふむ」
- ●ぷにたろう「1行目のLP.はおそらく6行目のLE.に対応してて，これが外側のループですよね多分」
- ●まるい先生「うん，そうだね」
- ●ぷにたろう「で，2行目のLP.は4行目のLE.に対応してて，これが内側のループ」
- ●ぷにーんくん「なるほど」
- ●ぷにたろう「だから，内側のループが9回まわって，もう一度9回まわって……っていうのを，9回，繰り返すことになる」
- ●ぷにーんくん「ややこしいなあ」
- ●ぷにたろう「要するに9回のループを9回で，合計81回，回ることになる」
- ●ぷにーんくん「3行目のFPRINTって何？」

●まるい先生「まあとりあえず，打ち込んで実行してみようか」

```
nll> NW.
nll> 1 LP.N,9,1
nll> 2 LP.M,9,1
nll> 3 FPRINT(" ", N*M)
nll> 4 LE.
nll> 5 P.
nll> 6 LE.
nll> R.
 1 2 3 4 5 6 7 8 9
 2 4 6 8 10 12 14 16 18
 3 6 9 12 15 18 21 24 27
 4 8 12 16 20 24 28 32 36
 5 10 15 20 25 30 35 40 45
 6 12 18 24 30 36 42 48 54
 7 14 21 28 35 42 49 56 63
 8 16 24 32 40 48 56 64 72
 9 18 27 36 45 54 63 72 81
nll>
```

●ぷにーんくん「なんか表っぽいのが出てきた」
●ぷにたろう「かけ算九九になっているみたいだね」
●ぷにーんくん「あ，ほんとだ」
●ぷにたろう「プログラムを見てみよう」

```
nll> LS.
1 LP.N,9,1
2 LP.M,9,1
3 FPRINT(" ", N*M)
4 LE.
5 P.
6 LE.
nll>
```

●まるい先生「内側のループでは，3行目でN*Mを表示しているね」
●ぷにたろう「FPRINTってそういう意味ですか」
●まるい先生「そうだね．" "は空白1文字を表示する．そして続けてN*Mを表示しているね」
●ぷにーんくん「5行目のP.は？」
●まるい先生「ただ改行するだけだね」

●ぷにたろう「じゃないと横にずらーっと並んでしまうんじゃないかな」
●ぷにーんくん「そういうことか」
●ぷにたろう「それでかけ算九九になるのかー」
●まるい先生「足し算九九もできるよ」
●ぷにたろう「3行目のN*Mを，N+Mにするんですよね」
●まるい先生「ET.3で，ヒストリに3行目が乗るよ．やってごらん」

ぷにたろうが試してみました．

```
nll> ET.3
```

●ぷにたろう「これで，ヒストリに乗ったということでしょうか」
●まるい先生「そう．矢印キーの上を押してごらん」

```
nll> 3 3 FPRINT(" ", N*M)
```

●ぷにたろう「あ，出てきた」
●まるい先生「これで修正もできるよ」

そしてぷにたろうは，N*MをN+Mに書き換えました．

```
nll> 3 3 FPRINT(" ", N+M)
nll> LS.
1 LP.N,9,1
2 LP.M,9,1
3 FPRINT(" ", N+M)
4 LE.
5 P.
6 LE.
nll>
```

●ぷにたろう「ほんとだ．書き変わってる」
●ぷにーんくん「これは便利かも」
●まるい先生「実行してみてごらん」

```
nll> R.
 2 3 4 5 6 7 8 9 10
 3 4 5 6 7 8 9 10 11
 4 5 6 7 8 9 10 11 12
 5 6 7 8 9 10 11 12 13
```

```
 6 7 8 9 10 11 12 13 14
 7 8 9 10 11 12 13 14 15
 8 9 10 11 12 13 14 15 16
 9 10 11 12 13 14 15 16 17
 10 11 12 13 14 15 16 17 18
nll>
```

●ぷにーんくん「足し算九九になった！」
●ぷにたろう「なったね！」
●ぷにーんくん「これで足し算もかけ算も覚えなくていいということだ！」
●ぷにたろう「いやそれは全然違うでしょ」
●まるい先生「引き算九九とかもやってごらん」

言われてぷにたろうは，3行目を修正しました．

```
nll> 3 3 FPRINT(" ", N-M)
nll> R.
 0 -1 -2 -3 -4 -5 -6 -7 -8
 1 0 -1 -2 -3 -4 -5 -6 -7
 2 1 0 -1 -2 -3 -4 -5 -6
 3 2 1 0 -1 -2 -3 -4 -5
 4 3 2 1 0 -1 -2 -3 -4
 5 4 3 2 1 0 -1 -2 -3
 6 5 4 3 2 1 0 -1 -2
 7 6 5 4 3 2 1 0 -1
 8 7 6 5 4 3 2 1 0
nll>
```

●ぷにーんくん「おーマイナスの値になっている！」
●まるい先生「うまく動いているね」
●ぷにたろう「でも，桁がずれていて読みにくいですね」
●まるい先生「それを直す方法はあるけど，まあそのうちかなあ」
●ぷにーんくん「ぼくはこれでも十分だけど」

そう言ってぷにーんくんは，壁に張ってある他の紙には何があるんだろうと，うろうろしはじめました．

●まるい先生「ぷにーんくん，はだしで教室うろうろしないでね」

第7章　条件で処理を変えよう

7.1　気になること

●ぷにーんくん「でもさあ」

NLL学校からの帰り道，ぷにーんくんが切り出しました．

●ぷにーんくん「かけ算九九はできたけど，なんかズレてたよね」
●ぷにたろう「ああ……そうだね」
●ぷにーんくん「とくに突っ込みはしなかったけど」
●ぷにたろう「文字が縦にそろっていなかったってことだよね」
●ぷにーんくん「そうそう」
●ぷにたろう「まあ，ループの説明だからねえ」
●ぷにーんくん「それはそうだけど」
●ぷにたろう「細かいことは別にいいかなと」
●ぷにーんくん「いや気になるでしょ」
●ぷにたろう「普段はそんなの気にしないくせに」

プログラムのことになると気になるんだなあ，とぷにたろうは思いました．

●ぷにーんくん「帰ったら直したい」
●ぷにたろう「まあその気持はわかる」
●ぷにーんくん「どうしたらいいのかな」
●ぷにたろう「プログラムを見てみないと，わからないなあ」
●ぷにーんくん「表示する文字数の問題じゃないかな」

寮に戻ってから，プログラムを見て考えればいいやと思っていたぷにたろうは，いきなり言われてドキリとしました．

●ぷにたろう「いきなりここでデバッグかい」
●ぷにーんくん「1から9までの数の場合は，1文字しか出ないよね」
●ぷにたろう「まあ，そうだね」
●ぷにーんくん「でも，10より大きい数の場合は2文字になる」
●ぷにたろう「それはわかる」

- ●ぷにーんくん「だからまあ，位置がズレちゃうよね」
- ●ぷにたろう「まあそれはわかるのだけど，どういうふうに直したらいいもんか」
- ●ぷにーんくん「3行目のFPRINTの前で，1から9までの数なら追加で1文字を表示させたらいいんじゃないかな」
- ●ぷにたろう「え？　プログラム覚えてるの!?」
- ●ぷにーんくん「え？　覚えてないの？」

プログラマは，コードを詳細に記憶していて頭の中だけでデバッグできるときがあると聞いたことがあります．
ぷにたろうはそれか，と思いました．

- ●ぷにたろう「いや漠然とは覚えているけど……行数とかまで詳しくは……」
- ●ぷにーんくん「ええーっそれじゃあお風呂とかで考えられないじゃない」
- ●ぷにたろう「うーんそうなのか……，これは僕が未熟なのか……」
- ●ぷにーんくん「まあじゃあさっさと帰ろうよ．ぼく覚えているからすぐに再現できるから」

今日は，ぷにーんくんはカマキリには目もくれず，寮に戻るようです．
それはそれでまあいいか，とぷにたろうは思って追いかけました．

7.2　C言語も学びたい

ぷにーんくんは寮に戻ると，2階に上がってまっすぐにリビングに向かおうとします．
2階の階段を出たところで，ぷにたろうが言いました．

- ●ぷにたろう「ちょっとちょっと，いきなりそっちに行くんかいな」
- ●ぷにーんくん「えー，早く行こうよ」
- ●ぷにたろう「ええ……ぼくは部屋で別のことをしようかと」
- ●ぷにーんくん「えー，そうなの」

ぷにたろうもいっしょにやるものだと思っていたぷにーんくんは，ちょっと不満そうです．

- ●ぷにたろう「まあここんとこ，NLL漬けだったからね」
- ●ぷにーんくん「何をやるの」
- ●ぷにたろう「C言語の入門かな」
- ●ぷにーんくん「結局プログラミングじゃん」
- ●ぷにたろう「まあそうだけどさ」

ぷにたろうは，いろんなプログラミング言語をやってみたいと思っているようです．

●ぷにたろう「いろいろやってみないとね」
●ぷにーんくん「Ｃ言語って，例のあの言語だよね」
●ぷにたろう「そう，あの言語」
●ぷにーんくん「なぜにわざわざＣ言語？」
●ぷにたろう「なんか，できたらカッコいいかなって」
●ぷにーんくん「ああそれはなんかわかるような」
●ぷにたろう「そのうち，OSとかも作ってみたいし」
●ぷにーんくん「へえ」

ぷにーんくんは，納得した声で言いました．

●ぷにーんくん「まあじゃあしょうがないか」
●ぷにたろう「どうなったか，あとで聞かせてよ」
●ぷにーんくん「いいよ」

そうしてぷにたろうは部屋に向かい，ぷにーんくんはリビングに入っていきました．

7.3　かわいいちゃん

今日はリビングは，すいているようです．
リビングには，自由に使えるPCがバラバラに置いてあります．
ぷにーんくんはその中で，窓際にある1台の前に座りました．
PCの電源を入れます．

●ぷにーんくん「起動に時間がかかるんだよね」

起動している間は，窓の外を眺めています．
窓の外からは，夏の草いっぱいの庭のにおいが流れ込んできます．
セミの鳴き声が聞こえたと思ったら，窓のすき間から1匹が，部屋の中に入ってきました．
リビングの壁にとまって，鳴き出します．
窓が開いていてちょっと暑いのですが，ぷにーんくんはこういう中でプログラミングをするのも好きなようです．

●ぷにーんくん「まずはさっきのプログラムの再現かな」

ぷにーんくんはそう言いながら，NLLを起動しました．

●ぷにーんくん「いちおう，プログラムの全削除だよね」

```
nll> NW.
nll>
```

そして覚えているプログラムを，そのまま PC に入力します．

```
nll> 1 LP.N,9,1
nll> 2 LP.M,9,1
nll> 3 FPRINT(" ", N*M)
nll> 4 LE.
nll> 5 P.
nll> 6 LE.
nll>
```

●ぷにーんくん「内容を確認しよう」

```
nll> LS.
1 LP.N,9,1
2 LP.M,9,1
3 FPRINT(" ", N*M)
4 LE.
5 P.
6 LE.
nll>
```

●ぷにーんくん「実行できるかな」

```
nll> R.
 1 2 3 4 5 6 7 8 9
 2 4 6 8 10 12 14 16 18
 3 6 9 12 15 18 21 24 27
 4 8 12 16 20 24 28 32 36
 5 10 15 20 25 30 35 40 45
 6 12 18 24 30 36 42 48 54
 7 14 21 28 35 42 49 56 63
 8 16 24 32 40 48 56 64 72
 9 18 27 36 45 54 63 72 81
nll>
```

●ぷにーんくん「とりあえず，表示が崩れるのもそのまま再現できたな」

再現はできたけど，さてどうしたもんかとぷにーんくんは考えました．

●ぷにーんくん「やりたいことは，9以下の数なら1文字を表示することなんだよね」

ぷにーんくんはひとりでつぶやきました．

●ぷにーんくん「そしてそれを，3行目でN*Mを表示する前にやりたい」
●かわいいちゃん「それなら条件プレフィックスを使えばよくってよ」
●ぷにーんくん「ええっ!?　あんた誰？」

いきなり後ろから話されて，ぷにーんくんは驚きました．
振り返るとそこには，ひとりの女の子が立っていました．

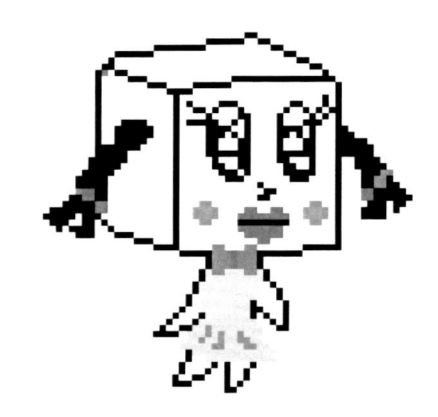

●かわいいちゃん「あんたとは失礼ね」
●ぷにーんくん「それは失礼……いやでも誰よあんた」
●かわいいちゃん「あたしはかわいいちゃん，ひとことで言うなら美少女ね」
●ぷにーんくん「それはすさまじい自己紹介…….　で，その美少女がなんでまた」
●かわいいちゃん「あんたが困っているようだから，助けてあげるの」
●ぷにーんくん「困ってはいないけど」
●かわいいちゃん「あんた，わからないことがあるのに，困っていないとはねえ」

自分で失礼といいつつあんたあんたと繰り返すかわいいちゃんは，続けて言いました．

●かわいいちゃん「根っからのプログラマねあんた」
●ぷにーんくん「まあこれから調べようかなと」
●かわいいちゃん「まあ私は優しいので，教えてあげてもよくってよ」
●ぷにーんくん「それは，ありがたいけど」
●かわいいちゃん「NLLには条件プレフィックスっていうものがあるの」

7.4 条件プレフィックスを使う

●ぷにーんくん「ふんふん」

●かわいいちゃん「条件をコロンで区切って前に書くと……」

●ぷにーんくん「コロンって何？」

●かわいいちゃん「ええっコロンを知らないの……？」

●ぷにーんくん「知らない」

●かわいいちゃん「キーボードの右のほうにある，点が縦に2つ並んだ記号ね」

●ぷにーんくん「ああこれか」

ぷにーんくんがコロンのキーを押すと，「:」と表示されました．

●かわいいちゃん「それで区切って条件を書くの」

●ぷにーんくん「書くとどうなる」

●かわいいちゃん「その条件が満たされるときだけ，後のことが実行されるの」

●ぷにーんくん「条件っていうのは，どんなのを書くの」

●かわいいちゃん「どんなときに，何がやりたいの」

●ぷにーんくん「えーっと，N*Mが1から9までの数のときに，空白を1個，表示したい」

●かわいいちゃん「条件は，N*Mが1から9までの数のとき，っていうことね」

●ぷにーんくん「そうそう」

●かわいいちゃん「それだと，こんなふうに書けるわね」

言うとかわいいちゃんは，机の上にあったメモ帳に，このように書きました．

```
(N*M>=1) && (N*M<=9)
```

●ぷにーんくん「うーん，ややこしいなあ」

●かわいいちゃん「1以上で，さらに9以下，っていう意味ね」

●ぷにーんくん「まあ，しょうがないのかな」

●かわいいちゃん「条件をもっと簡単にしなさいよ」

●ぷにーんくん「ええー，これじゃダメなの？」

●かわいいちゃん「いかに簡単にできるかも，プログラマの資質の1つよ」

●ぷにーんくん「まあそれは，わかる気がするけど」

●かわいいちゃん「当り前じゃないの．複雑なものなんて，誰でも書けるものよ」

●ぷにーんくん「そういうもの？」

●かわいいちゃん「難しいから嫌なのではないの．難しいロジックを書かなければならないときもあるし」

●ぷにーんくん「それはそうかも」

●かわいいちゃん「そうでなく，無駄なものが残っていると気持ち悪い，ということね」

●ぷにーんくん「おーそれはなんかわかる」

●かわいいちゃん「いらない条件があるなんてのは，まさにそれよね．だって無駄なんだから．無駄無駄！」

言われてぷにーんくんは，条件を見直しました．

●ぷにーんくん「考えてみると，1以上っていう条件は無駄かも．だって全部そうだから」

●かわいいちゃん「じゃあそれは削れるわね」

●ぷにーんくん「じゃあ条件は，N*Mが9までのとき，でもいい」

●かわいいちゃん「いいじゃないの．それはこう書けるわね」

```
(N*M<=9)
```

●ぷにーんくん「おお……，ずいぶん簡単になった……」

●かわいいちゃん「ついでに，9以下にするんでなく，10より小さいっていうふうに考えれば，こうも書けるね」

```
(N*M<10)
```

●ぷにーんくん「どっちでもいいのかな」

●かわいいちゃん「まあこの場合は，どっちでも同じことね」

●ぷにーんくん「じゃあ，あとの書き方のほうがいいなあ」

言ってぷにーんくんは，このような行を追加しました．

```
nll> 3 (N*M)<10:FPRINT(" ")
nll>
```

●かわいいちゃん「全体も確認しなさいよ」

●ぷにーんくん「わかってるってば」

```
nll> LS.
1 LP.N,9,1
2 LP.M,9,1
3 (N*M)<10:FPRINT(" ")
4 FPRINT(" ", N*M)
5 LE.
6 P.
```

```
7 LE.
nll>
```

●かわいいちゃん「いいじゃないの．実行してみなさいな」
●ぷにーんくん「わかってるってばもう」

言いつつもぷにーんくんは，こんなふうにあれこれ言いあいながらプログラミングすることも，嫌いではないようです．

```
nll> R.
  1  2  3  4  5  6  7  8  9
  2  4  6  8 10 12 14 16 18
  3  6  9 12 15 18 21 24 27
  4  8 12 16 20 24 28 32 36
  5 10 15 20 25 30 35 40 45
  6 12 18 24 30 36 42 48 54
  7 14 21 28 35 42 49 56 63
  8 16 24 32 40 48 56 64 72
  9 18 27 36 45 54 63 72 81
nll>
```

●ぷにーんくん「お！　そろった！」
●かわいいちゃん「やったじゃない！」

うまく動いたときは，かわいいちゃんは素直に喜んでくれるようです．
この子といっしょにプログラミングをするのは，意外に楽しいかもしれないなあ．
なんとなくそんなふうに，ぷにーんくんは思いました．

7.5　別の書きかた

●ぷにーんくん「なんだか，おもしろい女の子にあったよ」

寮の自室に戻ると，ぷにーんくんはぷにたろうに言いました．

●ぷにたろう「へえ」
●ぷにーんくん「いろいろ教えてもらった」
●ぷにたろう「よかったじゃん」

机に座ってPCをカタカタやっていたぷにたろうは，振り返って応えます．

●ぷにーんくん「表示のズレも，なおったよ」

●ぷにたろう「どうやった？」

●ぷにーんくん「なんか，コロンを使って書いた」

●ぷにたろう「あー，条件プレフィックスってやつか」

●ぷにーんくん「たぶんそれ」

●ぷにたろう「こっちでもやってみたところだよ」

言ってぷにたろうは，自分のPCに向き直りました．

●ぷにたろう「こんな感じにしてみた」

```
nll> LS.
1 LP.N,9,1
2 LP.M,9,1
3 (N*M)>9:G.PR
4 FPRINT(" ")
5 .PR
6 FPRINT(" ", N*M)
7 LE.
8 P.
9 LE.
nll>
```

●ぷにたろう「これで，うまくいったよ」

言ってぷにたろうは，実行して見せました．

```
nll> R.
  1  2  3  4  5  6  7  8  9
  2  4  6  8 10 12 14 16 18
  3  6  9 12 15 18 21 24 27
  4  8 12 16 20 24 28 32 36
  5 10 15 20 25 30 35 40 45
  6 12 18 24 30 36 42 48 54
  7 14 21 28 35 42 49 56 63
  8 16 24 32 40 48 56 64 72
  9 18 27 36 45 54 63 72 81
nll>
```

●ぷにーんくん「うまくいってるね」

●ぷにたろう「そうだね」
●ぷにーんくん「ぼくがやってみたのとは，ちょっと違うなあ」
●ぷにたろう「まあそうかもね」
●ぷにーんくん「3行目の，G.PRって何？」
●ぷにたろう「これは，5行目の.PRってところにジャンプしろっていう意味だよ」
●ぷにーんくん「ジャンプっていうのは何？」
●ぷにたろう「今までは，1行目，2行目，3行目みたいにして，上から順に実行されていたじゃない」
●ぷにーんくん「うん」
●ぷにたろう「それがG.っていうのがあると，実行がいきなりそこに切り替わるというか」

ぷにたろうは，続けます.

●ぷにたろう「この場合だと，3行目の後には4行目はとばして，5行目が実行されるということだね」
●ぷにーんくん「4行目は実行されないっていうこと？」
●ぷにたろう「そう」

ぷにたろうは，ちょっと考えてから言いました.
ジャンプという言葉って，正しい使いかただったっけかな？　と考えているようです.

●ぷにたろう「まあ，こういうのをジャンプと言うようだ」
●ぷにーんくん「5行目にある，.PRっていうのは？」
●ぷにたろう「これはラベルって言うみたい」
●ぷにーんくん「なんのためのものだろう」
●ぷにたろう「ジャンプ先の名札みたいなもので，これで何かが起きるわけではないらしい」

ぷにーんくんは続けて聞きます.

●ぷにーんくん「5行目にジャンプするなら，4行目がある意味が無いじゃん」
●ぷにたろう「そのままだとそうなんだけど，条件プレフィックスがあるでしょ」
●ぷにーんくん「コロンの前の，(N*M)>9っていうのかな」
●ぷにたろう「そう」
●ぷにーんくん「なんだかまだわからない」
●ぷにたろう「これがあるので，N*Mが9より大きいときだけジャンプする」
●ぷにーんくん「うん」
●ぷにたろう「で，N*Mが9より大きいっていうことは2文字が表示される」
●ぷにーんくん「うんうん」
●ぷにたろう「でもそうでないときは，G.でのジャンプはされずに4行目が実行されるんだよ」
●ぷにーんくん「ああそうすると，1文字がよけいに表示されるわけか」

●ぷにたろう「そう．だから表示する数がそろうことになる」

ここでぷにーんくんは，首をかしげて言いました．

●ぷにーんくん「でもこれをジャンプというのは，違和感あるなあ」
●ぷにたろう「うーん」
●ぷにーんくん「へんじゃないかなあ」
●ぷにたろう「じつはぼくも，そう思うんだよねえ」
●ぷにーんくん「ジャンプって言うと，上にジャンプするもののような」
●ぷにたろう「そうだね」
●ぷにーんくん「だからスキップとか飛び越えるとかのほうが，いいんじゃないかと」

7.6　いろいろな書き方があっていい

●ぷにーんくん「でも，さっき書いたやり方とは，ちょっと違うなあ」
●ぷにたろう「どんな書き方をしていたの」
●ぷにーんくん「こんなふうに書いていたよ」

言うとぷにーんくんは，次のように入力しました．

```
3 (N*M)<10:FPRINT(" ")
```

●ぷにたろう「ああなるほど．10より少ない場合だけ表示するわけか」
●ぷにーんくん「どっちの書き方がいいのかな」
●ぷにたろう「まあ，どっちでもいいんじゃない」
●ぷにーんくん「ぼくはこっちのほうが，1行で書けて好きだな」
●ぷにたろう「そうだね．こっちのほうがシンプルかも」
●ぷにーんくん「なんだかおなかがすいちゃった」
●ぷにたろう「そろそろ夕ご飯かな」

おなかがすいた2人は，そう言って食堂に向かいました．

第8章 グラフィックでいろいろ描く

8.1 グラフィックの魅力

●ぷにーんくん「今日は，グラフィックをやりたい」

朝，寮から学校に行く途中の道で，NLLくんが言い出しました．

●ぷにーんくん「そろそろ，そういうのをやってもいいような」
●ぷにたろう「まあ，そうかもね」
●ぷにーんくん「画面にいろいろ出して，ぐちゃぐちゃに動かしたりしてみたい」
●ぷにたろう「ゲームとかじゃないの？」
●ぷにーんくん「まあまずは，ぐちゃぐちゃに動かす系でしょ」
●ぷにたろう「そうなのか」
●ぷにーんくん「グラフィックは，前にもちょっとだけ，やったじゃん」
●ぷにたろう「あー，丸を描いたり線を描いたりしたやつか」
●ぷにーんくん「乱数使えば，そういうのがもっとできるんじゃないかなと」
●ぷにたろう「まあ，線をぐちゃぐちゃに描いたりはできそうだね」

2人は今日は，グラフィックをやるようです．

●ぷにたろう「表現の幅も広がるし，いいんじゃないかなあ」
●ぷにーんくん「そうなのかな？」
●ぷにたろう「たとえばグラフを描いたり，図形で表現したりもできるようになるでしょ」
●ぷにーんくん「うんうん」
●ぷにたろう「たしかグラフィックの教室は，3階にあったんじゃないかな」
●ぷにーんくん「そこ行こうよ」

玄関を入ったら階段を3階まで上がります．
廊下の角に，「グラフィックの教室」と書かれた教室がありました．

●ぷにたろう「ここだね」

教室を入ると，いっぱいの生徒が思い思いに座り，なにやらPCをいじっています．
グラフィックの教室は，人気があるようです．

●ぷにたろう「さすがに人気があるね」

●ぷにーんくん「いっぱいだね」

●ぷにたろう「座るところが無いなあ」

●ぷにーんくん「あそことかでいいよ」

ぷにーんくんは，教室の奥に進みました．

●ぷにたろう「ええーっ……，また床に座ってやるの？」

●ぷにーんくん「大丈夫．すぐに慣れるから」

●ぷにたろう「慣れるかなあ……」

●ぷにーんくん「ちょうど，あの壁に張ってある紙もよく見えるし」

8.2　ウィンドウを開く

ぷにーんくんが指さした正面の壁には，こんな紙が張ってありました．

> まずはウィンドウを開いてみましょう．
>
> ```
> nll> GSCREEN(G_FLUSH)
> nll>
> ```
>
> 開いたウィンドウを閉じるときは，こうします．
>
> ```
> nll> GSCREEN(G_DISABLE)
> nll>
> ```

●ぷにーんくん「これだけ？」

聞きながら，ぷにたろうはPCをリュックから出して電源を入れました．

●ぷにたろう「これだけみたいだね」

●ぷにーんくん「前にもこれ，やったよね」

●ぷにたろう「やったね」

●ぷにーんくん「ウィンドウって，普通は開くだけでもいろいろ準備とかが必要なもんなんじゃないの？」

●ぷにたろう「普通はそういうのが多いとは思うけど」

●ぷにーんくん「まあ，やってみようか」

NLLを起動すると，ぷにーんくんは紙に書いてあるとおりに実行してみました．

```
nll> GSCREEN(G_FLUSH)
nll>
```

グラフィックの画面が開きました．

●ぷにたろう「閉じるのも，できるかな」

```
nll> GSCREEN(G_DISABLE)
nll>
```

するとウィンドウは，消えて無くなりました．

8.3　ぐちゃぐちゃに，丸を描く

●ぷにたろう「さて，何をやろうか」
●ぷにーんくん「まずはぐちゃぐちゃに丸，でしょ」
●ぷにたろう「乱数使って，ループして大量に出せばいいのかな」
●ぷにーんくん「ぼくが書いてみるよ」
●ぷにたろう「うん」
●ぷにーんくん「えーっと，丸って何で描くんだっけ」
●ぷにたろう「GCIRCLEだね」

そしてぷにーんくんは，こんなプログラムを書きました．

```
nll> 1 GSCREEN(G_FLUSH)
nll> 2 .L
nll> 3 GCIRCLE(RAND(640),RAND(480),RAND(200),,G_GREEN)
nll> 4 G.L
nll>
```

●ぷにーんくん「実行してみよう」

```
nll> R.
nll>
```

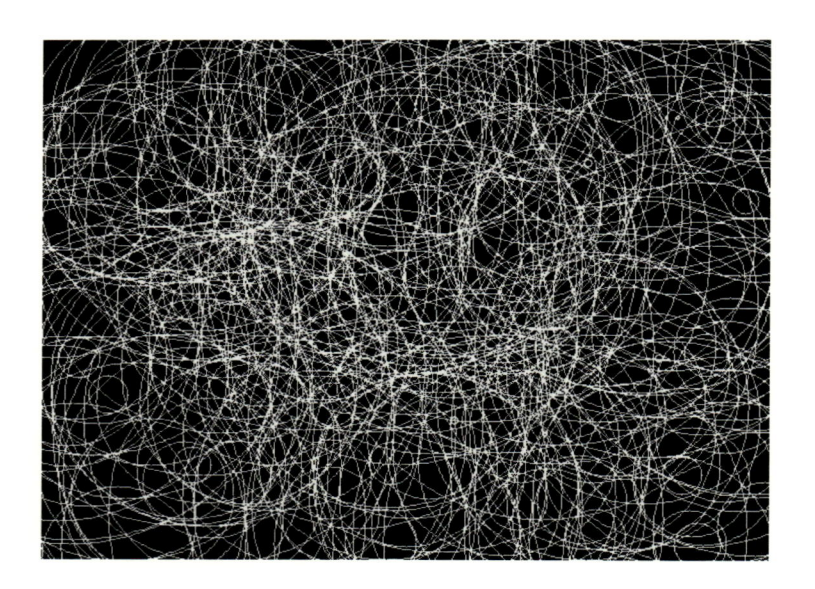

●ぷにーんくん「うわー，いっぱい出た」
●ぷにたろう「出たねえ」
●ぷにーんくん「やっぱりこれでしょ」
●ぷにたろう「そうなのか」
●ぷにーんくん「あれ，あまりあせらないね」
●ぷにたろう「止めかたはわかっているからね」
●ぷにーんくん「前はあせってあわててたのに」
●ぷにたろう「止めることはできるし」

8.4　いろんな色を使う

●ぷにーんくん「これって，緑だけだよね」
●ぷにたろう「うん」

●ぷにーんくん「いろんな色を，使ってみたい」

●ぷにたろう「そうだよね」

●ぷにーんくん「うん」

●ぷにたろう「こうするといいよ」

●ぷにーんくん「え，書けるの⁉」

ぷにたろうが突然プログラムを書いたので，ぷにーんくんはびっくりしました．

```
nll> ET.3
nll> 3 3 GCIRCLE(RAND(640),RAND(480),RAND(200),,C)
nll> 3 C=GCOLOR(RAND(256),RAND(256),RAND(256))
nll> LS.
1 GSCREEN(G_FLUSH)
2 .L
3 C=GCOLOR(RAND(256),RAND(256),RAND(256))
4 GCIRCLE(RAND(640),RAND(480),RAND(200),,C)
5 G.L
nll>
```

●ぷにーんくん「なぜ書ける……」

●ぷにたろう「色は，いつかそう言うだろうと思って，実はやり方聞いておいた」

●ぷにーんくん「え，そうなの？」

●ぷにたろう「まるい先生が教えてくれた」

●ぷにーんくん「知らない間に……」

●ぷにたろう「GCOLORっていうので，色を作れるみたい」

●ぷにーんくん「3行目か」

●ぷにたろう「GCOLORには，赤，緑，青の順に色の強さを0から255の数で入れると，その色になる みたい」

●ぷにーんくん「今は全部，0から255の乱数にしているよね」

●ぷにたろう「そう．だから赤と緑と青がいろんな強さで混ざった，いろんな色になる」

●ぷにーんくん「それを変数Cに入れてるんだね」

●ぷにたろう「そう，でもって4行目のGCIRCLEでは色をCで指定しているんだね」

●ぷにーんくん「なるほどねえ」

●ぷにたろう「まあ，やってみようか」

```
nll> GCLEAR()
nll>
```

- ●ぷにーんくん「あれ，画面が消えた」
- ●ぷにたろう「まずは画面をきれいにしてみた」
- ●ぷにーんくん「GCLEAR っていうので，きれいにできるの？」
- ●ぷにたろう「そうみたい」
- ●ぷにーんくん「いつの間にそんなの知ったのか……」
- ●ぷにたろう「これもやり方聞いておいた」

```
nll> R.
nll>
```

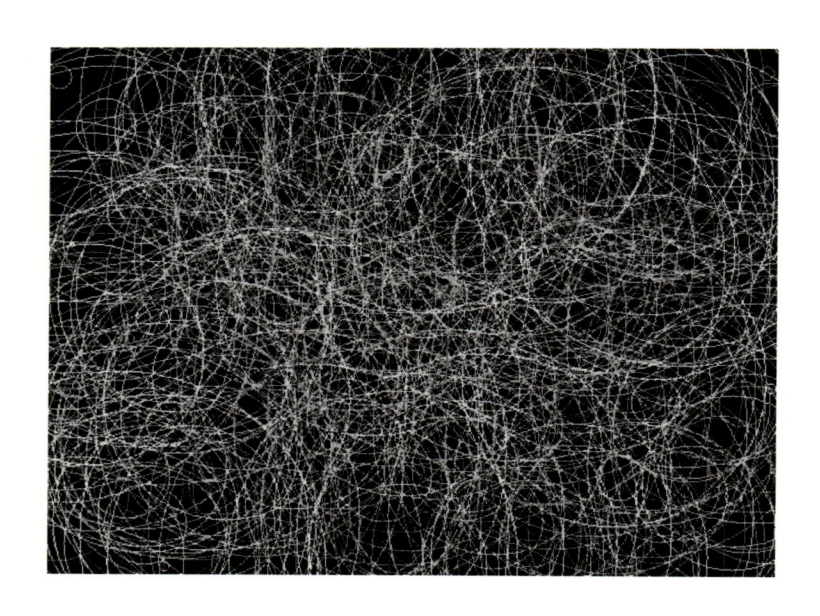

●ぷにーんくん「おー，いろんな色で出た……」
●ぷにたろう「やったねー」
●ぷにーんくん「いつ聞いていたんだか……」
●ぷにたろう「まあ，先回りしておいたよ」
●ぷにーんくん「なんかくやしい」

8.5　グラデーションを出す

●ぷにたろう「これを使えば，色を徐々に変えてグラデーションにもできるよね」
●ぷにーんくん「うん」

ぷにたろうは，続けて言いました．
どうやら色を変えられることでできることを，ある程度考えてきているみたいです．

●ぷにたろう「こんな感じで書けるかなあと」
●ぷにーんくん「うんうん」

```
nll> NW.
nll> 1 GSCREEN(G_FLUSH,256,256)
nll> 2 LP.X,256
nll> 3 LP.Y,256
nll> 4 C=GCOLOR(X,Y,0)
nll> 5 GDOT(X,Y,C)
nll> 6 LE.
nll> 7 LE.
nll>
```

●ぷにーんくん「GSCREENで256ってしてるのは，ウィンドウの大きさかな」
●ぷにたろう「うん」
●ぷにーんくん「GDOTっていうのは，指定された座標に点を打つのかな」
●ぷにたろう「そう」
●ぷにーんくん「そういうのも聞いておいてあるのかあ」

用意周到だなあとぷにーんくんは思いました．

●ぷにーんくん「実行してみてよ」

```
nll> R.
nll>
```

●ぷにーんくん「おおこれはきれい」
●ぷにたろう「どんなもんかな」

8.6　グラデーションのボール

●ぷにたろう「円でこれをやると，光るボールみたいなのも描けるよ」
●ぷにーんくん「光るボール？」
●ぷにたろう「まあ，見てみればわかるよ」

```
nll> NW.
nll> 1 GSCREEN(G_FLUSH,256,256)
nll> 2 LP.N,100
nll> 3 C=GCOLOR(N*2+55,N*2+55,255)
nll> 4 GCIRCLE(128+N/5,128+N/5,100-N,,C,G_FILL)
nll> 5 LE.
nll>
```

●ぷにーんくん「少しずつ位置と色をずらしながら，円を描くのかな」
●ぷにたろう「そうだね」
●ぷにーんくん「GCIRCLEのところのG_FILLって何？」
●ぷにたろう「これは塗りつぶしだね」
●ぷにーんくん「ふーん」
●ぷにたろう「まあ，やってみようか」

```
nll> GCLEAR()
nll> R.
nll>
```

●ぷにーんくん「おおっきれい……光るボール……」

●ぷにたろう「きれいでしょ」

●ぷにーんくん「うまく描けているなあ」

●ぷにたろう「いいよね，これ」

●ぷにーんくん「なんでG_FILLで塗りつぶししてるの？」

●ぷにたろう「塗りつぶししないと，きれいに出ないんだよね」

●ぷにーんくん「見てみたい」

●ぷにたろう「え，……うーん，じゃあ見てみようか」

```
nll> 4 4 GCIRCLE(128+N/5,128+N/5,100-N,,C)
nll> LS.
1 GSCREEN(G_FLUSH,256,256)
2 LP.N,100
3 C=GCOLOR(N*2+55,N*2+55,255)
4 GCIRCLE(128+N/5,128+N/5,100-N,,C)
5 LE.
nll>
```

●ぷにたろう「一度消してから，もう一度実行するよ」

```
nll> GCLEAR()
nll> R.
nll>
```

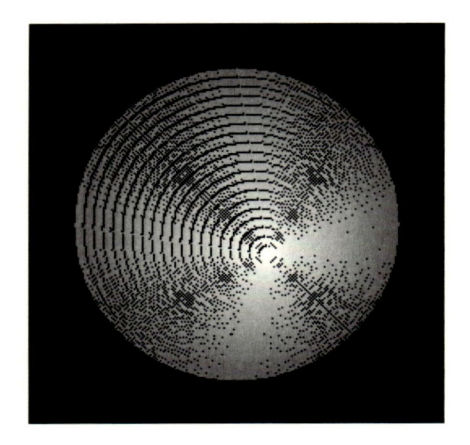

●ぷにーんくん「あ，こんなふうになっちゃうんだ」

●ぷにたろう「そうみたいだね」

●ぷにーんくん「あんましきれいじゃない」

●ぷにたろう「そうだねー」

●ぷにーんくん「塗りつぶさないと，へんなすき間ができちゃうのかな」

8.7 線を引く

●ぷにーんくん「次は，線を引いてみたい」

●ぷにたろう「まあ，線は基本だよね」

●ぷにーんくん「どうやるんだったっけ」

●ぷにたろう「線はGLINEだね」

そう言うとぷにたろうは，こんなプログラムを書きました．

```
nll> NW.
nll> 1 GSCREEN(G_FLUSH)
nll> 2 LP.N,100
nll> 3 GLINE(RAND(640),RAND(480),RAND(640),RAND(480),G_GREEN)
nll> 4 LE.
nll> R.
nll>
```

●ぷにたろう「一度，消すよ」

```
nll> GSCREEN(0)
nll>
```

グラフィックのウィンドウが閉じました.

●ぷにーんくん「あ，これでウィンドウを閉じることができるんだ」
●ぷにたろう「じゃあ，実行してみよう」

```
nll> R.
nll>
```

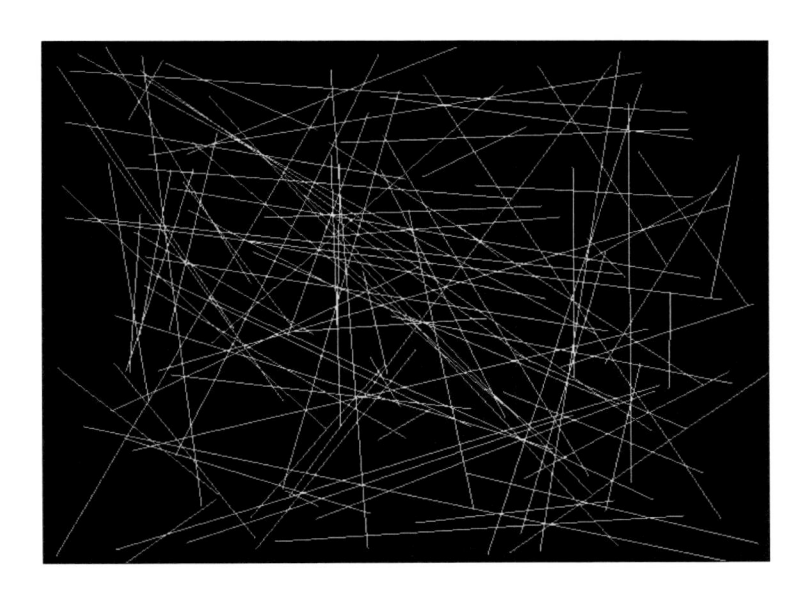

●ぷにーんくん「うわ，雑に線が出た」
●ぷにたろう「まあ，ランダムに出してるからね」
●ぷにーんくん「子どものラクガキみたいだ」
●ぷにたろう「それをぷにーんくんに言われたくはないような……」
●ぷにーんくん「せめて色をつけようよ」
●ぷにたろう「こうしてみるか」

```
nll> ET.3
nll> 3 3 GLINE(RAND(640),RAND(480),RAND(640),RAND(480),C)
nll> 3 C=GCOLOR(RAND(256),RAND(256),RAND(256))
nll> GCLEAR()
nll> R.
nll>
```

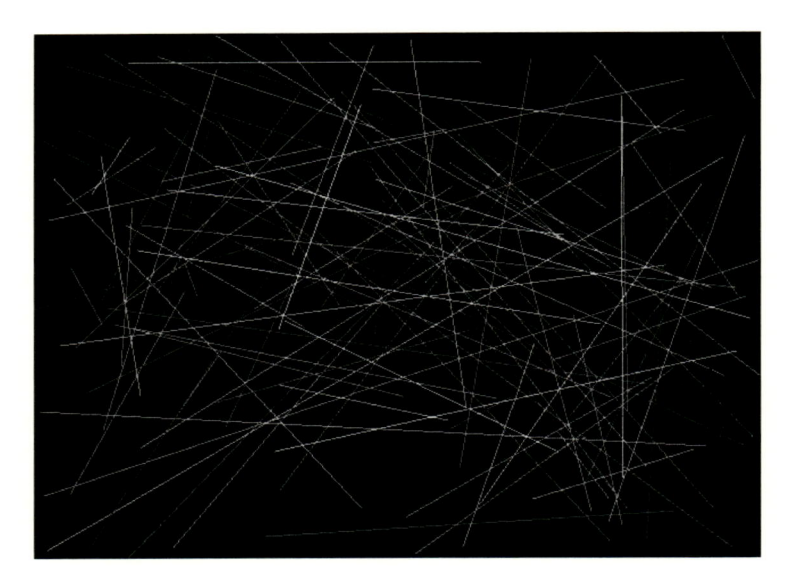

●ぷにーんくん「うーん，さらに子どものラクガキみたいな気が……」
●ぷにたろう「ランダムだからそういうもんだって」

8.8　四角を描く

●ぷにーんくん「これはそのまんま，四角にできるんじゃないのかな」
●ぷにたろう「GLINE を GBOX に変えれば，そのまま四角になりそうだね」

```
nll> ET.4
nll> 4 4 GBOX(RAND(640),RAND(480),RAND(640),RAND(480),C,G_FILL)
nll> GCLEAR()
nll> R.
nll>
```

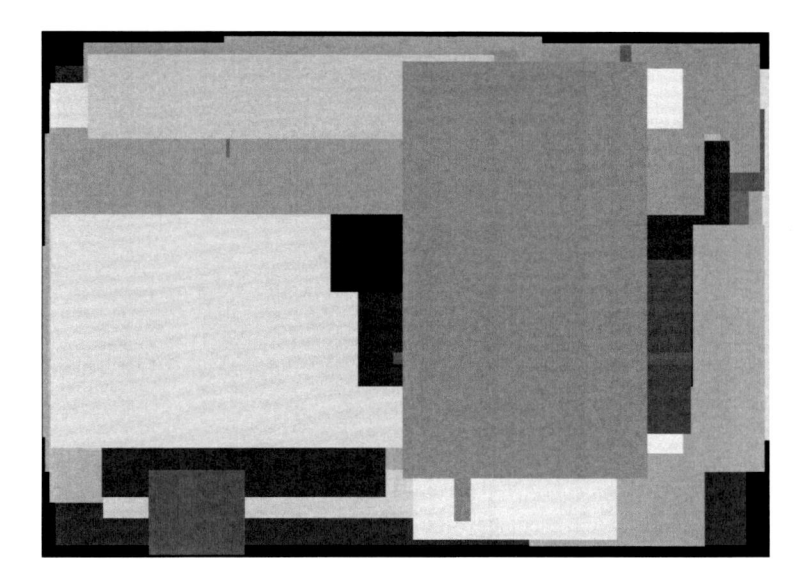

●ぷにたろう「G_FILLで塗りつぶしてみた」

●ぷにーんくん「これはこれで，なんだかアートな感じがしなくもない」

●ぷにたろう「そうかな．わからん」

●ぷにーんくん「わかんないかなあ」

8.9 地平線？

●ぷにーんくん「さっきのボールみたいな，きれいなのって出せないのかな」

●ぷにたろう「じゃあ，こんなのはどうだろう」

```
nll> NW.
nll> 1 GSCREEN(G_FLUSH,256,256)
nll> 2 LP.N,16,0,16
nll> 3 GLINE(N,0,0,256-N,G_GREEN)
nll> 4 LE.
nll> GCLEAR()
nll> R.
nll>
```

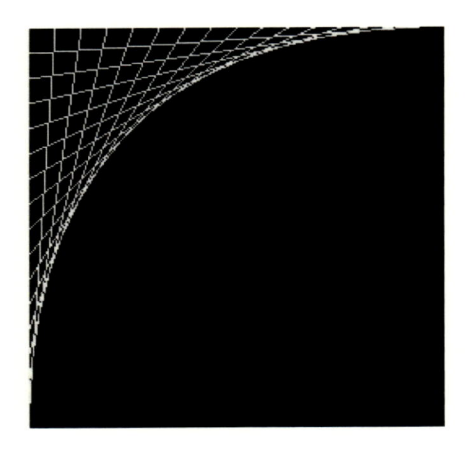

●ぷにーんくん「おお，これはきれい……」

●ぷにたろう「わりと定番のやつだけどね」

●ぷにーんくん「こういうの，好きだなあ」

●ぷにたろう「いかにもコンピュータ・グラフィックって感じがするよね」

●ぷにーんくん「こういうのもっとやりたい」

●ぷにたろう「じゃあ，こんなのはどうだろう」

```
nll> NW.
nll> 1 GSCREEN(G_FLUSH,256,256)
nll> 2 LP.N,16
nll> 3 GLINE(0,N*N+128,639,N*N+128,G_GREEN)
nll> 4 LE.
nll> 5 LP.N,256
nll> 6 GLINE(128+(N-128)*2,128,128+(N-128)*64,255,G_GREEN)
nll> 7 LE.
nll> GCLEAR()
nll> R.
nll>
```

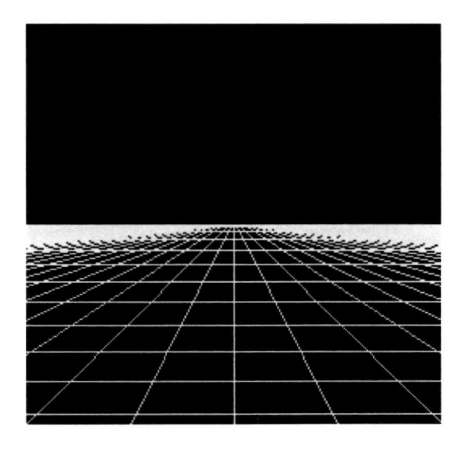

●ぷにーんくん「ここここれはかっこいい！」

●ぷにたろう「これも定番のやつ」

●ぷにーんくん「すごいなあこれ」

●ぷにたろう「似たようなの，見たことないかなあ」

●ぷにーんくん「キャラクタとかでなく，こういう線とかで表現するのは面白い」

●ぷにたろう「それは，わかる気がするなあ」

8.10　月を浮かせる

●ぷにーんくん「これに，さっきのボールを合わせられないかな」

●ぷにたろう「？？？どういうふうに？？？」

●ぷにーんくん「月が浮いてるみたいに」

●ぷにたろう「うーん，こんな感じかなあ」

```
nll> 8 LP.N,30
nll> 9 C=GCOLOR(N*7+40,N*7+40,255)
nll> 10 GCIRCLE(48+N/5,48+N/5,30-N,,C,G_FILL)
nll> 11 LE.
nll> GCLEAR()
nll> R.
nll>
```

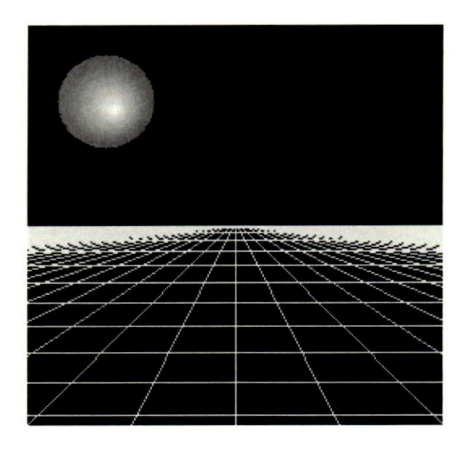

●ぷにーんくん「かっこいい！」

●ぷにたろう「大きさをちょっと，調整してみた」

●ぷにーんくん「幻想的だ……」

●ぷにたろう「地面が緑なのがイマイチか．直すかな」

●ぷにーんくん「ええっそれがいいんじゃん．レトロな感じで」

●ぷにたろう「そうなの？　その感覚はわからん……」

●ぷにーんくん「わかんないかなあ」

●ぷにたろう「ちょっと，塗りつぶしてみようか」

```
nll> 12 LP.N,200
nll> 13 C=GCOLOR(RAND(256),RAND(256),RAND(256))
nll> 14 GPAINT(RAND(256),RAND(128)+128,C,G_GREEN)
nll> 15 LE.
nll> GCLEAR()
nll> R.
nll>
```

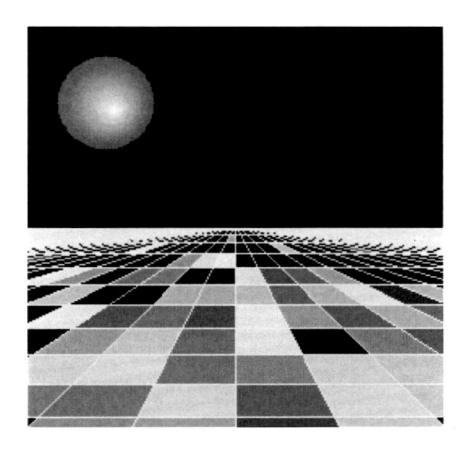

●ぷにたろう「なんとなく乱数で，塗りつぶしてみた」

●ぷにーんくん「GPAINTっていうのが，塗りつぶしか」

●ぷにたろう「そうみたい」

●ぷにーんくん「これもかっこいいー」

●ぷにたろう「ぼくはこれ，けっこう好きかも」

●ぷにーんくん「赤いとこだけ踏んでいかなきゃいけないとか，そういうのやりたくなる」

2人はこの日は，夢中になってずっとグラフィックをいじっていました．
昼ご飯を食べるのも忘れてしまいました．
夕方になり，ようやくお腹がすいてきたことに気がつきました．
2人は寮に帰っても何かやろうと，話しながら帰りました．

第9章　算数の問題を解く

9.1　3つの制御構文

●ぷにーんくん「今日はカレーにしようかな」
●ぷにたろう「ぼくもカレーを食べてみようかなあ」

寮に帰って食堂に行くと，2人はカレーライスを選びました．

●ぷにたろう「福神漬けをどっさり入れよう」
●ぷにーんくん「ああ，ぼくそれ苦手」
●ぷにたろう「へえ，なんだか意外」
●ぷにーんくん「なんだか甘くなっちゃうのが」
●ぷにたろう「なんでも食べそうなのに」

席につくとぷにたろうは，ポケットから小さな瓶を取り出しました．

●ぷにたろう「これ使う？」
●ぷにーんくん「何それ」
●ぷにたろう「カレーパウダー」
●ぷにーんくん「持ってきたの？」
●ぷにたろう「うん」
●ぷにーんくん「どうしようかな」
●ぷにたろう「食堂のカレーも，スパイシーになっておいしくなるよ」

ぷにたろうは目の前のカレーライスに，カレーパウダーを存分にふりかけました．

●ぷにたろう「これも使おうかな」
●ぷにーんくん「何それ」
●ぷにたろう「七味」
●ぷにーんくん「ああ，それはいいかも」

ぷにたろうはこれもカレーライスに存分に使います．
ぷにーんくんは七味を受け取ると，少しだけふりかけました．
2人とも，辛いものは好きなのですがぷにたろうはちょっと次元が違うようです．

●ぷにたろう「今日は，ループと条件分岐を覚えたね」
●ぷにーんくん「そうだね」
●ぷにたろう「これで，どんなプログラムも書けるね」
●ぷにーんくん「そうなの？」
●ぷにたろう「そうだよ」
●ぷにーんくん「そうなのか」

ぷにーんくんは，ピンときていないようです．

●ぷにたろう「ループと条件分岐は，プログラムの3つの制御構文のうちの2つだよ」
●ぷにーんくん「残りの1つは？」
●ぷにたろう「えーっと，順接，だったかな」
●ぷにーんくん「なにそれ」
●ぷにたろう「順序どおりに実行するってこと」
●ぷにーんくん「そりゃそうでしょ」
●ぷにたろう「そうじゃない言語もあるらしい」
●ぷにーんくん「当り前のことのように感じちゃうけどなあ」
●ぷにたろう「順次とか連結とか言うこともあるらしい」
●ぷにーんくん「3つ全部言えるの？」
●ぷにたろう「順接，反復，分岐，だったような」
●ぷにーんくん「へー，すごいじゃん」

ぷにーんくんは，全然すごくなさそうに言いました．

●ぷにたろう「順次，繰り返し，選択，とか言ったりすることもあるらしい」
●ぷにーんくん「もういいや」
●ぷにたろう「まあなので，全部マスターしたと言える」
●ぷにーんくん「そうなのか」
●ぷにたろう「だから，どんなプログラムも書けるはず，っていうこと」
●ぷにーんくん「でもまだグラフィックとか，あまりよく知らないよ」
●ぷにたろう「それは付加機能だからね．やり方を覚えればいいだけだよ」
●ぷにーんくん「そんなもんかなあ」

よくわからない，という口調でぷにーんくんは続けます．

●ぷにーんくん「そっちのほうがいろいろ難しい気がするけど」
●ぷにたろう「でも，知って覚えるだけだからね」
●ぷにーんくん「それなら何か，NLLで遊んでみたいなあ」

●かわいいちゃん「何かやってみたいの？」

そう言ってかわいいちゃんが，ぷにーんくんの隣に座ってきました．

●ぷにーんくん「あ，かわいいちゃん」
●かわいいちゃん「隣に座っていいかな」
●ぷにーんくん「いいよー」
●かわいいちゃん「もう座っちゃったけどね」
●ぷにーんくん「この子がさっき言ってた子だよ」
●かわいいちゃん「こんにちは．かわいいちゃんと呼んで」
●ぷにたろう「こんにちは．ぼくはぷにたろう」
●ぷにーんくん「かわいいちゃんもカレーなんだ」
●かわいいちゃん「そのスパイス，使わせてよ」
●ぷにたろう「いいよ」

かわいいちゃんは，気がね無く話してきます．

●かわいいちゃん「じゃあ，なにかやってみましょうよ」
●ぷにたろう「そうだね」

ぷにたろうも，乗り気です．
どうやらぷにたろうも，そう思っていたようです．

●かわいいちゃん「じゃあやりましょうか」

そう言うとかわいいちゃんは，手提げからPCを取り出しました．

●ぷにたろう「え，ここで今やるの？」
●ぷにーんくん「やっていいのか⁉」
●ぷにたろう「食堂で，食べてる真最中だよ⁉」
●かわいいちゃん「大丈夫よ．いつもやっているから」
●ぷにたろう「食べながらプログラミングって……，学校としてどうなんだろ……」
●かわいいちゃん「寮だから大丈夫．みんなやってるし」

たしかに周りを見ると，プログラミングをしている生徒がちらほら，います．

●ぷにたろう「プログラミングをしながら食事かあ」
●かわいいちゃん「食事をしながらプログラミング，でしょ」

●ぷにたろう「うーん，抵抗感あるなあ」
●ぷにーんくん「え，やっていいならやりたいけど」
●かわいいちゃん「やってみて，叱られたらやめりゃいいの」

PCの電源を入れながら，かわいいちゃんは言いました．
どうやら，すでに何度もやったことがあるようです．

●かわいいちゃん「それにあんたたち，もう食べ終わるじゃない」
●ぷにーんくん「やりたい」
●ぷにたろう「まあじゃあいいかあ……」
●かわいいちゃん「ほら，始めなさいよ」
●ぷにーんくん「でも，どんなことができるかな」
●かわいいちゃん「算数とかできるよ」
●ぷにたろう「どんなこと？」
●かわいいちゃん「問題を解いたりとか」
●ぷにーんくん「面白そう」
●ぷにたろう「どんなのかな」
●かわいいちゃん「食堂に，そういう問題があったんじゃないかな」
●ぷにたろう「え，食堂にもそんなのがあるの!?」

ぷにたろうが食堂の周りを見渡すと，たしかに壁に紙が張ってある場所がところどころにあります．

●ぷにたろう「食堂でもプログラミングするのが前提なのだろうか……」
●ぷにーんくん「やってみたい」

9.2　当てはまる数を探す

●ぷにたろう「算数の問題ってさあ」
●かわいいちゃん「うん」
●ぷにたろう「どんなのが解けるだろう」

ぷにたろうはぷにーんくんの隣の席に移動しながら言いました．

●ぷにーんくん「なんでも解けるんじゃないの」
●ぷにたろう「そうかもしれないけど，まあ，今のところの知識レベルで」
●かわいいちゃん「四角に入る数，とかどうかな」
●ぷにたろう「どんなの？」
●ぷにーんくん「あ，あそこに張ってある紙がそんな感じみたいだよ」

奥の壁に張ってある紙のことのようです．

- ●ぷにーんくん「えーっと，四角に当てはまる数は，って書いてあるね」
- ●ぷにたろう「え，ここから読めるの!?」
- ●ぷにーんくん「視力6.0だからね」
- ●ぷにたろう「またまた適当な……，それってどれくらいの視力なのか」
- ●かわいいちゃん「30メートル離れて米粒が見えるくらいね」
- ●ぷにーんくん「見えるよ」
- ●ぷにたろう「げ，そんなの見えるの!?」
- ●ぷにーんくん「え，見えないの!?」
- ●ぷにたろう「見えないよ！」
- ●かわいいちゃん「便利でいいじゃない」
- ●ぷにたろう「なぜそんなに冷静……」
- ●かわいいちゃん「まあ読んでちょうだいよ」
- ●ぷにーんくん「えーっと，こんなふうに書いてあるね」

ぷにーんくんはぷにたろうにペンを借りると，手近にあった紙に書き出しました．

$$12 \times (\Box \div 3 - 15) + 21 = 165$$

□に当てはまる数は？

- ●ぷにーんくん「これだけ」
- ●ぷにたろう「紙ナプキンに書くか……」
- ●ぷにーんくん「この紙，書きにくいなあ」
- ●ぷにたろう「方程式で解けるね」
- ●ぷにーんくん「それじゃ小学生にはわかんないよ」
- ●ぷにたろう「まあそうか」
- ●かわいいちゃん「総当たりで調べればいいんじゃない」
- ●ぷにーんくん「どういうこと」
- ●ぷにたろう「順番に数を入れて，当てはまるやつを探すってこと」
- ●ぷにーんくん「ループを回すのかな」
- ●ぷにたろう「ループで変数Nを100くらいまで変化させて，計算結果が165なら表示，っていうの でどうだろう」

言うとぷにたろうは，こんなプログラムを書きました．

```
nll> 1 LP.N,100
nll> 2 (12*(N/3-15)+21==165):P.N
nll> 3 LE.
nll> R.
81
82
83
nll>
```

- ●ぷにたろう「あ，あっさり出た」
- ●ぷにーんくん「でも，3つも出てるよ」
- ●かわいいちゃん「これだと割算は整数でされるから，81÷3も83÷3も，同じになっちゃうからかな」
- ●ぷにたろう「そういうことか」

9.3　かけ算でも

- ●ぷにーんくん「簡単すぎるなあ」
- ●かわいいちゃん「別のをやってみましょうよ」

かわいいちゃんは，カレーライスを食べながら見ています.

- ●ぷにーんくん「隣のには，こんなふうに書いてあるよ」

ぷにーんくんは，紙ナプキンに書き写します.

　掛け合わせると7006652になる，2つの4桁の数は何でしょう？

- ●ぷにーんくん「うひー，いくつだろ」
- ●ぷにたろう「でも，総当たりなら簡単じゃない」
- ●かわいいちゃん「そうね」
- ●ぷにたろう「ぼくでも書けそうだ」

そう言ってぷにたろうは，このようなプログラムを書きました.

```
nll> NW.
nll> 1 LP.N,9000,1000
nll> 2 LP.M,9000,1000
nll> 3 (N*M==7006652):FPRINT(N," ",M,"\n")
```

```
nll> 4 LE.
nll> 5 LE.
nll>
```

●ぷにたろう「こんな感じかな」
●ぷにーんくん「LP.は，変数Nが1000から始めて9000回のループ，っていうことかな」
●ぷにたろう「そう」
●かわいいちゃん「なので変数Nは，1000から9999までの数になるのね」
●ぷにーんくん「FPRINTのところの，\nって何？」
●ぷにたろう「これは改行するっていう意味だよ」
●ぷにーんくん「改行？」
●ぷにたろう「これをやらないと，横一列に表示されちゃう」
●かわいいちゃん「\は，キーボードの右下のキーね」
●ぷにたろう「まあ，実行してみようか」

```
nll> R.
1234 5678
2468 2839
2839 2468
5678 1234
nll>
```

●ぷにーんくん「ちょっと時間がかかったね」
●ぷにたろう「まあ，10000回近いループを，10000回近く回してるからねえ」
●ぷにーんくん「答えはいくつかあるみたいだけど」
●ぷにたろう「後ろの2つは，前の2つをひっくり返しただけみたいだね」
●ぷにーんくん「これって，計算しているって言うのかな」
●ぷにたろう「計算するっていうより，探すっていう感じだよねえ」
●ぷにーんくん「合っているのかなあ」
●かわいいちゃん「試してみればいいんじゃない」

かわいいちゃんは，相変わらずカレーライスを食べながら見ています．
ぷにたろうが計算してみました．

```
nll> P.1234*5678
7006652
nll> P.2468*2839
7006652
nll>
```

● ぷにたろう「うん，合っているみたい」
● かわいいちゃん「いいじゃない」

9.4　最大公約数を探す

● ぷにーんくん「次はこんなのがあるみたい」

ぷにーんくんは，どんどんメモ用紙に書き出します．

738979と12833473の最大公約数は？

● ぷにーんくん「うひー」
● ぷにたろう「なんじゃこりゃ」
● ぷにーんくん「どうすればいいんだろ」
● ぷにたろう「文章は簡潔だけど，言ってることはえぐいような……」
● ぷにーんくん「最大公約数って，ふつうは12と18とかそういうのでやるんじゃないの」
● かわいいちゃん「でも，プログラムで解くなら同じことでしょ」

かわいいちゃんは，カレーライスと格闘しています．
お肉が硬くて，噛むのに苦労しているようです．

● ぷにたろう「かわいいちゃん，書いてみてよ」
● かわいいちゃん「ええーっ……食べている最中に」
● ぷにーんくん「言い出しっぺなのに，何をいまさら」
● かわいいちゃん「あーうー，わかった」

そう言ってかわいいちゃんはスプーンを置くと，お肉を噛みながらこんなプログラムを書きました．

```
nll> NW.
nll> 1 A=738979
nll> 2 B=12833473
nll> 3 LP.N,A,1
nll> 4 ((A%N)==0 && (B%N)==0):P.N
nll> 5 LE.
nll>
```

● かわいいちゃん「こんな感じかなあ」
● ぷにーんくん「おお，さすがー」
● かわいいちゃん「とりあえずBよりAのほうが小さいので，そこまでループを回す感じね」

●ぷにたろう「4行目の意味は？」

●かわいいちゃん「&&を付けると，両方の条件を満たすなら，っていう意味ね」

●ぷにたろう「A%Nっていうのは」

●かわいいちゃん「それは，AをNで割ったときの余りっていう意味」

●ぷにたろう「AをNで割ったときの余りがゼロで，さらにBを割ったときの余りもゼロ，ということかな」

●かわいいちゃん「そういうこと」

●ぷにたろう「つまり，AもBもNで割り切れる場合，ということか」

●かわいいちゃん「そう．そのときだけP.Nで変数Nを表示」

●ぷにーんくん「なるほどねえ」

●かわいいちゃん「実行してみましょうよ」

```
nll> R.
1
53
73
3869
nll>
```

●ぷにーんくん「もう，合っているのかどうかもわかんない」

●かわいいちゃん「なんか素数っぽいなあ」

●ぷにーんくん「素数っぽいって何？」

●かわいいちゃん「素因数分解すれば，確認できそうだけど」

そこにまるい先生がやってきました．

9.5　プログラムに向いたやり方

●まるい先生「お，やってるね」

●ぷにたろう「すいません食堂でやっちゃってるんですが……」

●まるい先生「別段，構わないよ」

●ぷにたろう「はあ」

●まるい先生「まあ混んでるときはよくないけど，今はすいてるしね」

●かわいいちゃん「先生，これでいいのかなあ」

●まるい先生「素数とその積だね．合っていそうだね」

●ぷにーんくん「なぜ見ただけでわかる……」

●まるい先生「素数は，プログラマの基礎だよ」

●かわいいちゃん「暗号の専門家の，ではないですか」

●まるい先生「まあそうとも言えるね」

●ぷにたろう「相変わらず謎だ……」
●まるい先生「まあこれがプログラムで解けることは，すごいことだよ」
●ぷにたろう「でも，頑張れば人間でも解けますよね」
●ぷにーんくん「なんだかすごいのはわかるけど，何がすごいのかがわからない」
●まるい先生「そもそも，こうしたことは方程式とかそういうのを使えば，解けるかもしれない」
●ぷにたろう「そうは思います」
●まるい先生「でも，そうしたことをしなくてもね」

まるい先生は，優しい声で続けました.

●まるい先生「プログラムで手当たり次第に数を入れても解ける，ということでもあるよね」
●ぷにたろう「それは，そうだと思います」
●まるい先生「ということは，解くための理論とかを知らなくても，解けるということ」
●ぷにたろう「でも，プログラムでたくさん計算しています」
●まるい先生「うん，そのとおり」

まるい先生は，ゆっくりと言いました.

●まるい先生「だから，コンピュータには向いている解き方，とは言えるね」
●ぷにたろう「そうなのかな」
●まるい先生「だってプログラムさえ書けば，あとは放っておくだけでも，コンピュータが力任せ
　で解いてくれる」
●ぷにたろう「まあ，そうです」
●まるい先生「しかしそんなやり方で人間がやろうとしたら，たいへんだよね」
●ぷにたろう「数を順に入れてひたすら計算，っていうことですよね」
●まるい先生「そうだね」
●ぷにたろう「まあ，やりたくはないです」
●かわいいちゃん「というより，現実的に不可能なんじゃないの？」

かわいいちゃんも加わってきました.

●かわいいちゃん「だって，何万回も計算しろってことでしょ？」
●ぷにーんくん「無理なのかなあ」
●かわいいちゃん「5秒で1回計算しても，50000秒だと……」

```
nll> P.50000/(60*60)
13
nll>
```

- ●かわいいちゃん「13時間以上だよ．一日中，集中力切らさずやって」
- ●ぷにーんくん「ああそりゃ無理だなあ」
- ●かわいいちゃん「まあ不可能ではないけど，日常的には無理ね」
- ●まるい先生「だから，そういう人間がやれないような計算でも，プログラムでできるっていうことだね」
- ●ぷにーんくん「それはそうかも」
- ●まるい先生「つまり，たくさんの数や計算を扱って，ひたすら時間をかけて解くみたいなやり方でもできる」
- ●ぷにたろう「どっちのやり方が正しいんですか？」
- ●まるい先生「どっちが正しいも間違っているも，無いんだよ」
- ●ぷにたろう「そうなのかなあ」
- ●まるい先生「たくさん計算して解くみたいな解きかたは，プログラムでやるのが向いている，ということ」
- ●ぷにたろう「だってこれ，解いてるんじゃなく探している，っていうことじゃないですか」

ぷにたろうは，まだ納得できなさそうです．
手当たり次第なんてかっこ悪い，と思っているようです．

9.6　手当たり次第に当てはめる

でも，まるい先生は丁寧に説明します．
そういうぷにたろうの気持ちも，わかってくれているみたいです．

- ●まるい先生「まあそれはそうだね」
- ●ぷにーんくん「それは確かに，そうとも言える」
- ●まるい先生「でも答えは見つかっているから，解けてはいる」
- ●ぷにーんくん「それも確かに，そう」
- ●まるい先生「コンピュータだと，そういうやり方でもできる，ということだね」
- ●ぷにたろう「うーん」
- ●まるい先生「あと，そもそも解く方法が見つかってないものも，答えを見つけられることがあるかな」
- ●かわいいちゃん「現在の人類が解きかたを知らなくても，ということですよね」
- ●まるい先生「そう」
- ●かわいいちゃん「それはすごいと思うなあ」

何で食堂でこんな会話をしているんだろう，と，ふとぷにたろうは思いました．
でもすぐ，それが嫌じゃない自分にも，気がつきました．
そして，まあプログラマってそういうものかもしれないなあ，と思うのでした．

●まるい先生「解きかたを知らなかったり，やり方を教わっていなかったりする問題も，そうだね」
●かわいいちゃん「うん」
●まるい先生「だからプログラムさえ書ければ，小学生でも高校の数学の問題を解けたりする可能性がある」
●ぷにーんくん「おおっそれはかっこいい……」
●まるい先生「たとえば，ある数を足し合わせたら10になる，という数を求めるのは簡単だよね」
●ぷにたろう「まあ，5ですね」
●まるい先生「そのプログラムが，書けるかな」

まるい先生に促されて，ぷにたろうはささささっとこんなプログラムを書きました.

```
nll> NW.
nll> 1 LP.N,10
nll> 2 (N+N==10):P.N
nll> 3 LE.
nll> R.
5
nll>
```

●ぷにたろう「こんな感じでしょうか」
●まるい先生「いいね」
●ぷにーんくん「あっさり5と出た」
●まるい先生「でも，ある数があって，その数どうしを掛け合わせたら176400になる，っていうとき，そのある数ってわかるかな」
●ぷにたろう「ちょっとすぐにはわからないです」
●まるい先生「これは実は，素因数分解ということをすれば，求められる」
●ぷにたろう「はい」

まるい先生は珍しく，熱っぽく話しています.

●まるい先生「でもプログラムを書いても解けるよね」
●ぷにーんくん「そうなの？　素因数分解とかいうのはどうなったの？」
●まるい先生「だって1から順に掛け合わせて，176400になる数を探せばいいんだから」
●ぷにーんくん「それは簡単だ」
●ぷにたろう「うーん」
●まるい先生「まあ，やってごらんよ」

次にぷにたろうが書いたプログラムは，このようなものでした.

```
nll> NW.
nll> 1 LP.N,100000
nll> 2 (N*N==176400):P.N
nll> 3 LE.
nll> R.
420
nll>
```

- ●まるい先生「速いね．さすがだね」
- ●ぷにたろう「420みたいです」
- ●ぷにーんくん「速いなあ」
- ●かわいいちゃん「書くのが？　答えが出るのが？」
- ●まるい先生「プログラム自体は，さっきのものとほとんど同じだよね」
- ●ぷにたろう「はい，それはそうです」
- ●まるい先生「ということは，足し合わせたら10になる数を求めるのと同じような簡単なプログラムで，これも解けるということになるね」
- ●ぷにーんくん「おー．なるほど」
- ●まるい先生「つまり，素因数分解なんて知らない君たちでも，プログラムさえ書けば解けるということになるんだよ」
- ●ぷにーんくん「おー．プログラムすごい」

9.7　方程式で解くような問題

- ●ぷにたろう「でも，プログラムを書かなければならないです」
- ●まるい先生「それは逆だよ」

まるい先生が続けます．

- ●まるい先生「プログラムが書ければ，そういうやり方でも問題を解ける，ということだよ」
- ●ぷにたろう「うーん，なんだかあまりピンと来ないです」
- ●ぷにーんくん「わかんないかなあ」
- ●まるい先生「まあそれでもいいよ」
- ●かわいいちゃん「まあ，いいんじゃない」
- ●ぷにたろう「うーん，うーん，うーん……」
- ●かわいいちゃん「私は納得できたから別にいいかな」

まるい先生は，優しい声で続けました．
こうしたことは，すぐに理解できなくてもいいと思っているみたいです．

●まるい先生「まあ，次の問題をやってごらんよ」

●ぷにたろう「はい」

●まるい先生「方程式を書くか，プログラムで探すか，どちらでもいいんだよ」

●ぷにーんくん「うん」

●まるい先生「この場合はどちらが向いていると自分は思うか，考えてみるといいかもしれないよ」

- その数は，2桁です
- その数は，1の位の数に3を足すと10の位の数になります
- その数は，1の位の数と10の位の数を入れ換えると5の倍数になります
- その数は何でしょう？

●ぷにたろう「これは方程式でも，ちょい難しいのかも」

●ぷにーんくん「プログラムで，総当たりでやればいいんじゃない」

●ぷにたろう「あ，マネした」

●まるい先生「プログラムが書ければ，方程式が書けなかったりしても，こういうのも解けるということだね」

●ぷにたろう「確かに，方程式を作る難しさは無く解けますね」

●まるい先生「つまり，そもそも方程式を知らない小学生でも解ける，ということになるね」

●かわいいちゃん「こんな感じでいいんじゃない」

そう言ってかわいいちゃんが書いたプログラムは，このようなものでした．

```
nll> NW.
nll> 1 LP.N,90,10
nll> 2 N0=N%10
nll> 3 N1=N/10
nll> 4 (N0+3!=N1):G.E
nll> 5 ((N0*10+N1)%5!=0):G.E
nll> 6 P.N
nll> 7 .E
nll> 8 LE.
nll> R.
52
nll>
```

●ぷにーんくん「ながーい」

●ぷにたろう「なんだかそれっぽい……」

●ぷにーんくん「%って何？」

●ぷにたろう「さっき聞いたでしょ」

●かわいいちゃん「割ったときの余りの数ね」

●ぷにーんくん「どういうことかな」

●かわいいちゃん「例えばN%10は，変数Nを10で割ったときの余りの数」

●ぷにーんくん「うん」

●かわいいちゃん「だからN0には，変数Nの1の位の数が入ることになるね」

●ぷにーんくん「N1は？」

●かわいいちゃん「N1にはN/10が入るけど，これは整数の割算だから，小数にはならず切捨てになる」

●ぷにーんくん「うん」

●かわいいちゃん「そうするとN1には，変数Nの10の位の数が入ることになるの」

●ぷにーんくん「結局，N0には1の位，N1には10の位の数が入るってことなのかな」

●かわいいちゃん「そうね」

●ぷにたろう「難しいなあ」

まるい先生は，3人のやりとりをじっと見守っています．

●かわいいちゃん「でもこれ定型の書き方だから，まあ覚えちゃったほうがいいね」

●ぷにーんくん「そうなのか」

●かわいいちゃん「よく使うし」

●ぷにたろう「よく使うんだ」

●ぷにーんくん「次の行は？」

●かわいいちゃん「4行目は，1の位の数に3を足すと10の位の数になるっていうののチェックね」

●ぷにたろう「そうじゃないならG.で7行目にジャンプか」

●かわいいちゃん「そう」

●ぷにーんくん「これはわかる」

●かわいいちゃん「で，5行目は，1の位の数と10の位の数を入れ換えると5の倍数になるってことのチェック」

●ぷにたろう「N0*10+N1で，入れ換えた数になるのか」

●かわいいちゃん「そう．%5すると5で割ったときの余りになるから，それが0じゃなければやっぱりジャンプ」

●ぷにたろう「それで，両方のチェックに通ると6行目が実行されるんだね」

●かわいいちゃん「そうね．変数Nの表示ね」

●ぷにーんくん「やっぱり難しいなあ」

9.8　虫食い算

●ぷにーんくん「次は，これをやってみようよ」

2□83 × △27△ ＝ ○○894542

となるとき，□△○に入る数は何でしょうか？

●ぷにたろう「虫食い算ってやつだね」
●ぷにーんくん「四角とか三角に入る数を探せばいいのか」
●ぷにたろう「いっしょうけんめい考えれば，わかりそうな気はするけど」
●ぷにーんくん「でもこれ，ループ回して当てはめるだけで解けそう」
●かわいいちゃん「そうね」
●ぷにたろう「うーん，こんな感じかな」

```
nll> NW.
nll> 1 LP.A,10
nll> 2 LP.B,10
nll> 3 LP.C,10
nll> 4 (2083+A*100)*(270+B*1001)==894542+C*11000000:P.A,B,C
nll> 5 LE.
nll> 6 LE.
nll> 7 LE.
nll>
```

●ぷにーんくん「おおっ3重ループだ」
●ぷにたろう「□△○を，変数A，B，Cにしてみた」
●ぷにーんくん「100とか1001って何？」
●ぷにたろう「問題には2□83ってあるじゃない」
●ぷにーんくん「うん」
●ぷにたろう「□は変数Aにしてるので，Aに100かけて2083に足したのが，その数になる」
●ぷにーんくん「なるほどー」
●ぷにたろう「△27△は，270とBに1001を書けたのがそれになる」
●ぷにーんくん「うまく式にしたなあ」
●かわいいちゃん「実行してみましょうよ」

```
nll> R.
7
4
1
nll>
```

●ぷにたろう「□が7，△が4，○が1かな」
●ぷにーんくん「合ってるのかな」

●かわいいちゃん「確認してみましょ」

●ぷにたろう「まず1つ目の数は，□が7だから2783か」

●ぷにーんくん「うん」

●ぷにたろう「2つ目の数は，△が4だから，4274」

```
nll> P.2783*4274
11894542
nll>
```

●ぷにーんくん「ええっと○が1なので，11894542で，おー，合っている」

9.9　複雑な式

●ぷにーんくん「次はこんなのがあるよ」

- □＋△＋○は，9になります
- □×△×○は，24になります
- □は△より大きく，△は○より大きくなります
- □，△，○はいくつになるでしょう

●ぷにたろう「うーん，これくらいならすぐにわかるような……」

●ぷにーんくん「え，すぐにわかるの？」

●ぷにたろう「プログラムを書かなくてもわかるような」

●ぷにーんくん「そうなのかなあ」

●ぷにたろう「だってこれ，4と3と2でしょ」

●かわいいちゃん「お，一発で解いた」

●ぷにーんくん「えーっと，合ってるのかな」

●かわいいちゃん「合ってる」

●ぷにたろう「プログラムを書くまでもないような」

●かわいいちゃん「たしかにこれくらいなら，テキトーに考えてもできそうね」

●ぷにーんくん「あ，でも隣にこんなのがあるよ」

- □＋△＋○は，114になります
- □×△×○は，40824になります
- □は△より大きく，△は○より大きくなります
- □，△，○はいくつになるでしょう（2通りあります）

●ぷにーんくん「うひー，これはパッとできるの？」

●ぷにたろう「さすがにこれはパッとはできないな」

●ぷにーんくん「しかも2通りあるって」

●かわいいちゃん「こういうのこそ，プログラムで解かないと」

●ぷにたろう「なんだか悔しいなあ」

●かわいいちゃん「別に，負けてるわけじゃないでしょ」

●ぷにーんくん「□と△と○は足して114なんだから，114までの数を全部あてはめればいいよね」

●ぷにたろう「それでよさそう」

●ぷにーんくん「こんな感じかな」

```
nll> NW.
nll> 1 LP.A,114,1
nll> 2 LP.B,114,1
nll> 3 LP.C,114,1
nll> 4 (A+B+C==114)&&(A*B*C==40824)&&(A>B)&&(B>C):P.A,B,C
nll> 5 LE.
nll> 6 LE.
nll> 7 LE.
```

●ぷにーんくん「これも3重ループだ」

●ぷにたろう「プログラムで書くと，けっこう簡単な気がする」

●かわいいちゃん「まあたしかに，条件をそのまま書くだけだしね」

●ぷにたろう「実行してみようよ」

```
nll> R.
54
42
18
63
27
24
nll>
```

●ぷにたろう「あっさり出たね」

●ぷにーんくん「えーっと，54，42，18っていう組と，63，27，24っていう組の2通りかな」

●まるい先生「こういうのは，他に答えが無いかを調べるにはいいよね」

まるい先生が言いました．

●まるい先生「問題を作る側の人の考えになるけどね」

●かわいいちゃん「ああたしかに，問題作る側は，他に答えが無いかの確認ってたいへんそうだよね」

●ぷにたろう「そういうときに，プログラムで簡単に確認することができるっていうことか」

ぷにたろうは，これは納得したように言いました.

9.10 ピタゴラス数を探す

●ぷにーんくん「これは，なんだか難しそうだなあ」

- A，B，Cという3つの数があります
- A，B，Cは1から30までの数です
- A×AとB×Bを足すと，C×Cになります
- その3つの数は何でしょう？

●ぷにたろう「これはピタゴラス数ってやつかな」
●かわいいちゃん「そうだね」
●ぷにーんくん「なにそれ」
●ぷにたろう「なんというか，ここに書かれているような数」
●かわいいちゃん「これも総当たりで探せるんじゃないの」
●ぷにたろう「やってみようか」

ぷにたろうは，こんなプログラムを書きました.

```
nll> NW.
nll> 1 LP.A,30,1
nll> 2 LP.B,30,1
nll> 3 LP.C,30,1
nll> 4 (A*A+B*B==C*C):FPRINT(A," ",B," ",C,"\n")
nll> 5 LE.
nll> 6 LE.
nll> 7 LE.
nll>
```

●ぷにたろう「これもプログラムにしてみると，意外に簡単だなあ」
●かわいいちゃん「いくつくらいあるんだろう」
●ぷにたろう「実行してみようか」

```
nll> R.
3 4 5
4 3 5
5 12 13
```

```
6  8  10
7  24  25
8  6  10
8  15  17
9  12  15
10  24  26
12  5  13
12  9  15
12  16  20
15  8  17
15  20  25
16  12  20
18  24  30
20  15  25
20  21  29
21  20  29
24  7  25
24  10  26
24  18  30
nll>
```

●ぷにーんくん「おおっ，いっぱい出た……」

●ぷにたろう「3，4，5っていうのは定番のピタゴラス数だよね」

●ぷにーんくん「そうなの？」

●かわいいちゃん「あとは5，12，13っていうのは知ってたけど，こんなにあるとはねえ」

●ぷにーんくん「なぜそんなことを知っている……」

●かわいいちゃん「でも，3，4，5と4，3，5は同じことだよね」

●ぷにたろう「AとBを入れ換えただけだから，ピタゴラス数としては同じことと言えるような」

●ぷにーんくん「そうすると，半分になるのかな」

●かわいいちゃん「6，8，10も，3，4，5と同じ気がする……」

●ぷにたろう「3，4，5を全部倍にすると6，8，10になるから，同じことなのかなあ」

●まるい先生「3，4，5のほうは，原始ピタゴラス数とか言うね」

●かわいいちゃん「6，8，10は？」

●まるい先生「6，8，10は，その整数倍のピタゴラス数」

●ぷにーんくん「なんだかよくわからないけど，見つけられているのでいいのでは」

●まるい先生「まあなんにせよ，与えられたルールの数は探し出せているね」

●かわいいちゃん「3，4，5と5，12，13の次の原始ピタゴラス数は，7，24，25になるのかな」

●ぷにたろう「たしかにこういうのを難しい理屈無く探し出すのは，プログラムが向いている気がします」

3人がわいわいとプログラミングしているのを見て，まるい先生は，そっと食堂を出ていきました．

●ぷにたろう「しかし，よく知っているねえ」

ぷにたろうはかわいいちゃんに言いました．
感心しているようです．

●かわいいちゃん「まあ，いろいろ遊べてよかった」
●ぷにたろう「どこかで勉強したの？」
●かわいいちゃん「まあ，適当にかなあ」
●ぷにたろう「適当とは思えないなあ」
●ぷにーんくん「適当にというのは，なんだかわかる」
●かわいいちゃん「遊びでやってたら，こうなった感じかな」

遊びでかあ，とぷにたろうは思いました．

●ぷにーんくん「他にも何か，いろいろ教えてよ」
●かわいいちゃん「そうねえ……」

かわいいちゃんは，ちょっと考えてから，言いました．

●かわいいちゃん「今やった算数を，グラフィックでやってみるといいんじゃないかな」
●ぷにーんくん「おおっそれは面白そう……」
●かわいいちゃん「算数をグラフィック的に見る，的な感じ」
●ぷにたろう「たとえばグラフにしてみる，とかかな」
●かわいいちゃん「そうね．そういうのもあるね」
●ぷにたろう「何か題材みたいなのはあるかなあ」
●かわいいちゃん「リビングに，そういう問題があったんじゃないかな」
●ぷにたろう「行ってみようか」
●ぷにーんくん「かわいいちゃんも行こうよ」
●かわいいちゃん「うん」
●ぷにたろう「じゃあ一度部屋に戻って，PC持ってリビングで待ち合わせね」
●かわいいちゃん「まだ食べ終わってない……」
●ぷにたろう「まだ食べてたのか」
●かわいいちゃん「あたりまえでしょ！　レディーは食べるの遅いの！」
●ぷにーんくん「水持ってきてあげるから早く！」

ぷにーんくんがコップに水をくんできて，かわいいちゃんが食べ終わるのを待ちます．

3人は学校のこととか，自分の家のこととか，しばらくたわいもない話をしました．
かわいいちゃんは頑張ってカレーライスを食べながら，2人の話をいろいろ聞きました．
そして3人は，リビングに集合する約束をして，部屋に戻っていきました．

第10章　グラフィックで算数を

10.1　定規の目盛を描いてみる

リビングで3人が座る机を確保したぷにーんくんは，リュックからPCを出そうとしているぷにたろうを見ながら言いました．

- ●ぷにーんくん「楽しみだなあ」
- ●かわいいちゃん「2人はNLLのグラフィックって，どれくらい知ってるの？」
- ●ぷにたろう「ウィンドウを開いて，線や丸を描いたりとかかな」
- ●かわいいちゃん「まあ線が描ければ，けっこういろいろできるんじゃないかな」
- ●ぷにたろう「できそうな気はするね」
- ●ぷにーんくん「線だけでも描ける何かって，何かないかな」
- ●かわいいちゃん「だとすると，定規とかかな」
- ●ぷにたろう「定規？」
- ●かわいいちゃん「まあ，数直線を目盛付きで描く感じだよね」
- ●ぷにたろう「ループ回すだけで描けそうだし，最初やるにはいいかも」
- ●ぷにーんくん「こんな感じかな」

```
nll> 1 GSCREEN(G_FLUSH)
nll> 2 LP.N,101
nll> 3 GLINE(N*5,200,N*5,210,G_WHITE)
nll> 4 LE.
nll>
```

- ●ぷにーんくん「とりあえず，ループを回して目盛を描いてみた」
- ●ぷにたろう「実行してみよう」

```
nll> R.
nll>
```

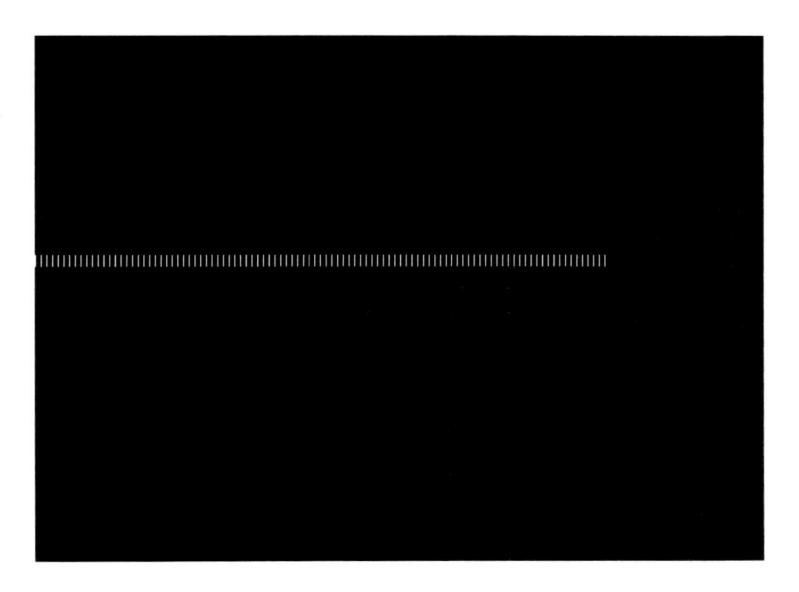

●ぷにたろう「横にも線を1本，入れるといいんじゃないかな」
●ぷにーんくん「こうかな」

```
nll> 2 GLINE(0,200,500,200,G_WHITE)
nll> LS.
1 GSCREEN(G_FLUSH)
2 GLINE(0,200,500,200,G_WHITE)
3 LP.N,101
4 GLINE(N*5,200,N*5,210,G_WHITE)
5 LE.
nll> R.
nll>
```

●ぷにーんくん「目盛っぽくなったね」

●かわいいちゃん「10個ごとに，目盛を長くするといいんじゃない」

●ぷにーんくん「こんな感じかなあ」

```
nll> 5 ((N%10)==0):GLINE(N*5,200,N*5,220,G_WHITE)
nll> LS.
1 GSCREEN(G_FLUSH)
2 GLINE(0,200,500,200,G_WHITE)
3 LP.N,101
4 GLINE(N*5,200,N*5,210,G_WHITE)
5 ((N%10)==0):GLINE(N*5,200,N*5,220,G_WHITE)
6 LE.
nll> R.
nll>
```

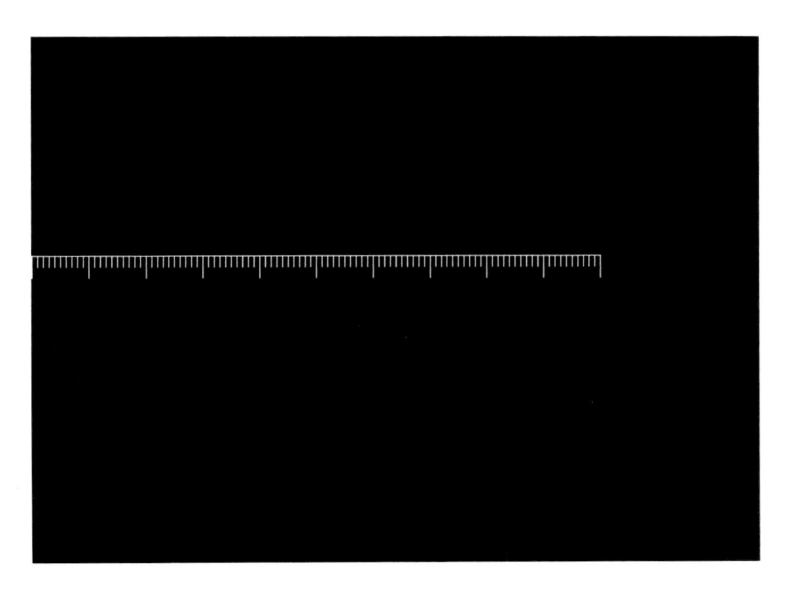

●ぷにーんくん「あ，一気に定規っぽくなったかも」
●ぷにたろう「ぷにーんくん，けっこう書けるようになってるじゃん」

ぷにたろうは，感心したように言いました．

●ぷにーんくん「えっへっへー．ただ見てるだけじゃないよ」
●ぷにたろう「5個ごとにも，ちょっとだけ長い目盛があるといいかも」
●ぷにーんくん「えーっと，こういうこと？」

```
nll> 5 ((N%5)==0):GLINE(N*5,200,N*5,215,G_WHITE)
nll> LS.
1 GSCREEN(G_FLUSH)
2 GLINE(0,200,500,200,G_WHITE)
3 LP.N,101
4 GLINE(N*5,200,N*5,210,G_WHITE)
5 ((N%5)==0):GLINE(N*5,200,N*5,215,G_WHITE)
6 ((N%10)==0):GLINE(N*5,200,N*5,220,G_WHITE)
7 LE.
nll> R.
nll>
```

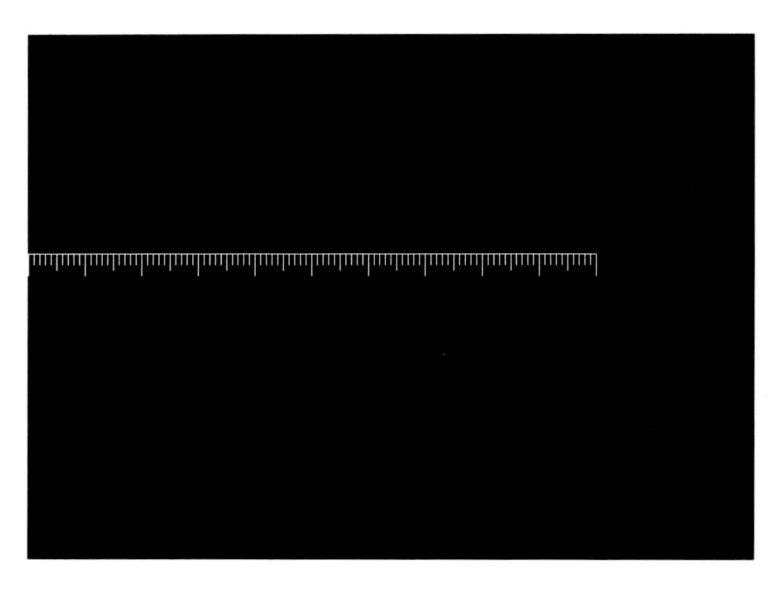

●ぷにーんくん「おおっ定規っぽい！」
●かわいいちゃん「これ，すっかり定規じゃない！」
●ぷにたろう「定規っぽい……」
●ぷにーんくん「感動……」
●ぷにたろう「目盛の工夫だけで，こんなにそれっぽく描けるもんだなあ」

10.2　サイコロを足した数のグラフ

●ぷにーんくん「他にも何か，やってみたい」
●ぷにたろう「何かあるかな」
●かわいいちゃん「リビングには，遊びでやるような問題もいろいろあったよ」

言ってかわいいちゃんは，リビングの壁を見回しました．

●かわいいちゃん「あ，これとかいいかも」

サイコロを3つ振って出た目を足すと，3から18の数になります．
この確率をグラフにしてみよう．

●ぷにたろう「これだけ？」
●かわいいちゃん「これだけみたいだね」
●ぷにーんくん「ループを回して，サイコロ3つを足したら3とか18になったらカウントすればいい
　のかな」
●ぷにたろう「それでできそうな気はするね」

●ぷにーんくん「ぼくが書いてみるよ」

ぷにーんくんはそう言うと，ちょっと考えてしまいました．

●ぷにーんくん「あれ，でも足した数がいくつになるのかを調べるから，3から18までのループも
　いるのかな」
●ぷにたろう「え，そうなるのか？」
●ぷにーんくん「こんな感じかなあ」

そう言うとぷにーんくんは，こんなプログラムを書きました．

```
nll> NW.
nll> 1 GSCREEN(G_FLUSH)
nll> 2 LP.N,16,3
nll> 3 S=0
nll> 4 LP.M,1000
nll> 5 ((RAND(6)+1)+(RAND(6)+1)+(RAND(6)+1)==N):S=S+1
nll> 6 LE.
nll> 7 GCIRCLE(N*30,S,10,,G_GREEN)
nll> 8 LE.
nll>
```

●ぷにーんくん「どうだろう」
●ぷにたろう「たしかに2重ループになるね」
●かわいいちゃん「足した数は3から18までになるので，一番外のループは，その数ぶん回してい
　るのかな」
●ぷにーんくん「Nのループだよね．そう」
●かわいいちゃん「で，RANDで1から6までの数を3つ作って足して，それがNになったらSを増や
　していくのか」
●ぷにーんくん「そう．でもって終わったらGCIRCLEでその場所に丸を描く感じ」
●ぷにたろう「実行してみようよ」

```
nll> GCLEAR()
nll> R.
nll>
```

●ぷにーんくん「おおーっ，ひっくり返った山っぽいのが出てきた！」

●ぷにたろう「こういうグラフになるのか」

●かわいいちゃん「正規分布っていうやつかな」

●ぷにーんくん「なんだかデコボコしているなあ」

●かわいいちゃん「確率だから，繰り返しの数を増やすとなだらかになっていくんじゃないかなあ」

●ぷにーんくん「4行目の1000ってやつ？」

●かわいいちゃん「そう」

●ぷにーんくん「いくつくらいがいいかな」

●かわいいちゃん「1000で上3分の1くらいだから，3倍くらいにするといいんじゃない」

●ぷにーんくん「3000にしてみよう」

```
nll> 4 4 LP.M,3000
nll> R.
nll>
```

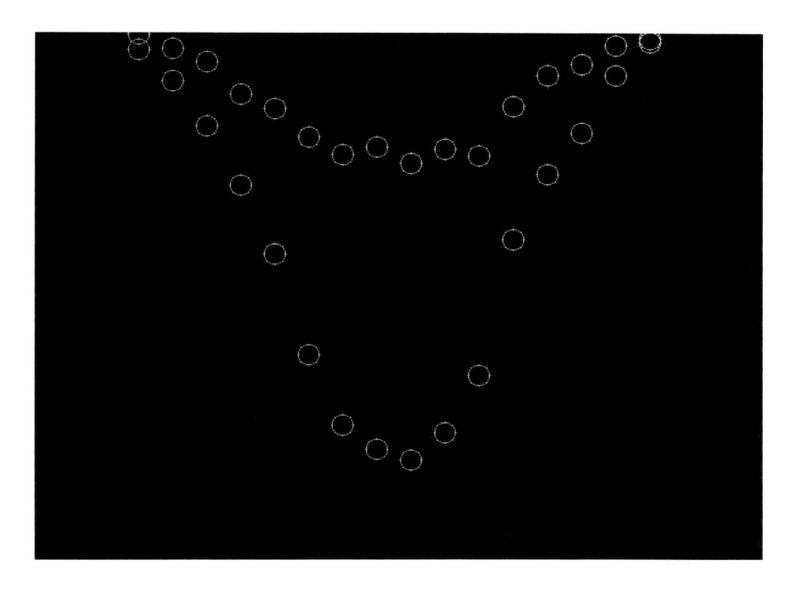

●ぷにーんくん「お，たしかになだらかになったような」
●ぷにたろう「山も高くなって，わかりやすくなったね」
●ぷにーんくん「ひっくり返ってはいるけどね」
●ぷにたろう「まあそこは，縦座標が下向きだからそういうものとして」

10.3　数を増やしてなだらかにする

●ぷにーんくん「もっとなだらかにできないかな」
●ぷにたろう「これ以上増やすと，はみだしちゃうね」
●かわいいちゃん「縦座標を，2とか3とかで割ればいいんじゃない」
●ぷにーんくん「あー，そうすれば縦に縮むのか」
●かわいいちゃん「いっそのことループ数を100倍とかにして，縦座標を100で割っちゃえば」
●ぷにーんくん「それでやってみよう」
●ぷにたろう「重なっちゃうとよくわかんないなあ」
●かわいいちゃん「G_FILLっていうのを最後に入れれば，塗りつぶされるよ」
●ぷにーんくん「こんな感じかな」

```
nll> 4 4 LP.M,300000
nll> 7 7 GCIRCLE(N*30,S/100,10,,G_GREEN,G_FILL)
nll> R.
nll>
```

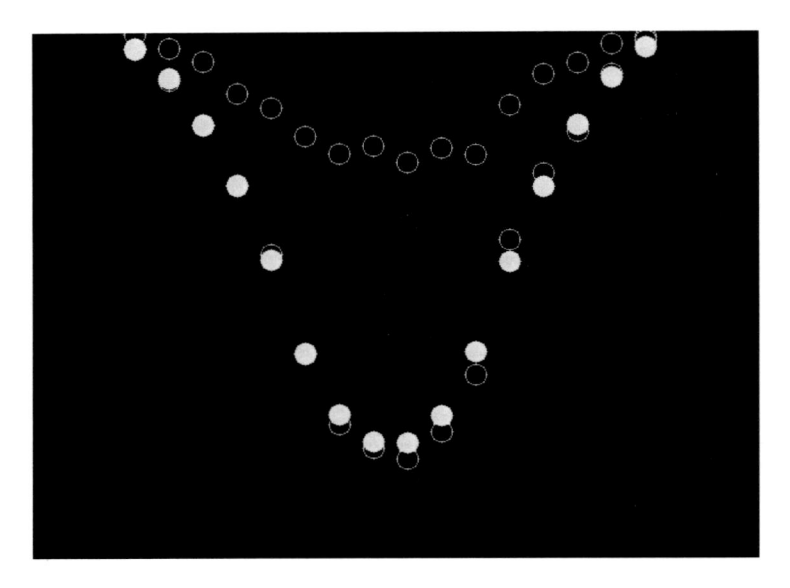

●ぷにーんくん「やっぱり重なっちゃってるね」
●ぷにたろう「一度消して，やりなおそうか」

```
nll> GCLEAR()
nll> R.
nll>
```

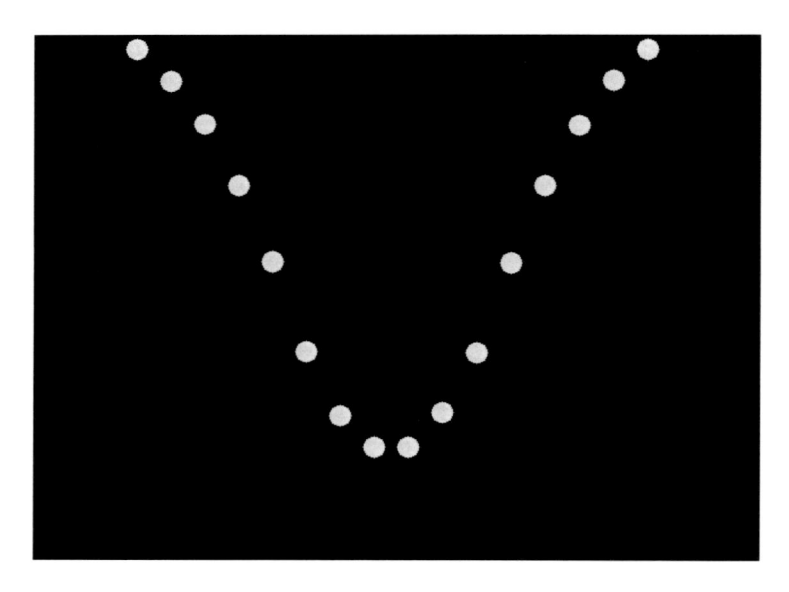

●ぷにーんくん「おお，きれいな山の形になっている！」
●ぷにたろう「なんだか実行に，時間がかかるようになったね」

●かわいいちゃん「まあ，ループ数が100倍になったからねえ」

●ぷにーんくん「でも，ループ数を増やすことできれいな形にしていけてるよ」

ぷにーんくんは，嬉しそうに言いました．

●ぷにーんくん「こういうのは，プログラムならではのやり方のような気がする」

●かわいいちゃん「時間短くしたいなら，配列使って覚えるようにすれば外側のループはいらなくなるかな」

●ぷにたろう「そうなの？」

●かわいいちゃん「まあ10倍くらいにはできそうだけど」

●ぷにたろう「配列は……まだやってないなあ」

●かわいいちゃん「あーそうなのか」

●ぷにーんくん「覚えたらまたやればいいんじゃない」

●かわいいちゃん「そうだね」

●ぷにたろう「じゃ，保存しておこうか」

```
nll> SAVE "dice.nll"
```

10.4　落ちるボール

●ぷにたろう「なんだかこれって，ボールが動いているようにも見えるね」

●ぷにーんくん「ボールが動くのって，描けるのかな」

●ぷにたろう「ボールが転がったりとか？」

●ぷにーんくん「ボールがはずみながら転がっていく様子とか，そういうの」

●かわいいちゃん「えーっと，ボールが落ちる感じは，やったことがあるなあ」

●ぷにたろう「どうやるの」

●かわいいちゃん「速度に対して何か数を足していくと，そんな感じになる」

●ぷにたろう「まずは落ちるだけなら，できるのかも」

●かわいいちゃん「こんな感じかな」

かわいいちゃんは，こんなプログラムを書きました．

```
nll> NW.
nll> 1 GSCREEN(G_FLUSH)
nll> 2 V=-20
nll> 3 Y=200
nll> 4 LP.X,60,0,10
nll> 5 GCIRCLE(X,Y,10,,G_GREEN)
```

```
nll> 6 V=V+1
nll> 7 Y=Y+V
nll> 8 LE.
nll>
```

- ●かわいいちゃん「なんか，こんな感じ」
- ●ぷにたろう「YにVを足していくけど，そのVも1ずつ増やしていくんだね」
- ●かわいいちゃん「そう」
- ●ぷにーんくん「まあ，実行してみようよ」

```
nll> GCLEAR()
nll> R.
nll>
```

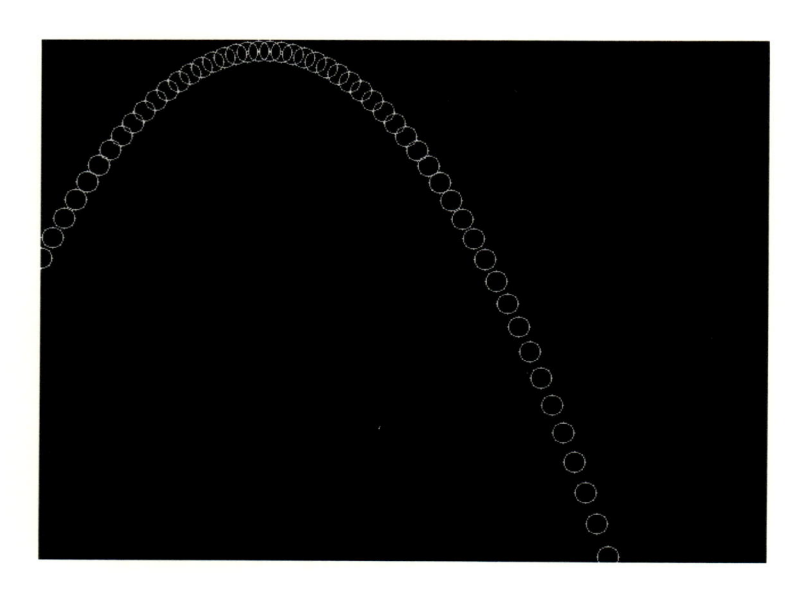

- ●ぷにーんくん「おおっボールが落ちている……」
- ●ぷにたろう「落ちていくように見えるね」

10.5　はずむボール

- ●ぷにーんくん「これ，バウンドできないかなあ」
- ●ぷにたろう「Yがある値より大きくなったら，向きを反転させればいいんじゃないかな」
- ●かわいいちゃん「こういうことを，やればいいかなあ」

```
nll> 8 (Y>=200):V=-V
nll> 5 5 GCIRCLE(X,Y,10,,G_GREEN,G_FILL)
nll> LS.
1 GSCREEN(G_FLUSH)
2 V=-20
3 Y=200
4 LP.X,60,0,10
5 GCIRCLE(X,Y,10,,G_GREEN,G_FILL)
6 V=V+1
7 Y=Y+V
8 (Y>=200):V=-V
9 LE.
nll>
```

●かわいいちゃん「8行目に，Vがひっくり返るようなのを入れてみた」
●ぷにーんくん「これでそうなるのか」
●かわいいちゃん「Vにマイナス付けることで反転させているだけね」
●ぷにたろう「なるほどねえ」
●かわいいちゃん「あとついでに，ボールを塗りつぶしてみた」
●ぷにたろう「まあ実行してみようよ」

```
nll> R.
nll>
```

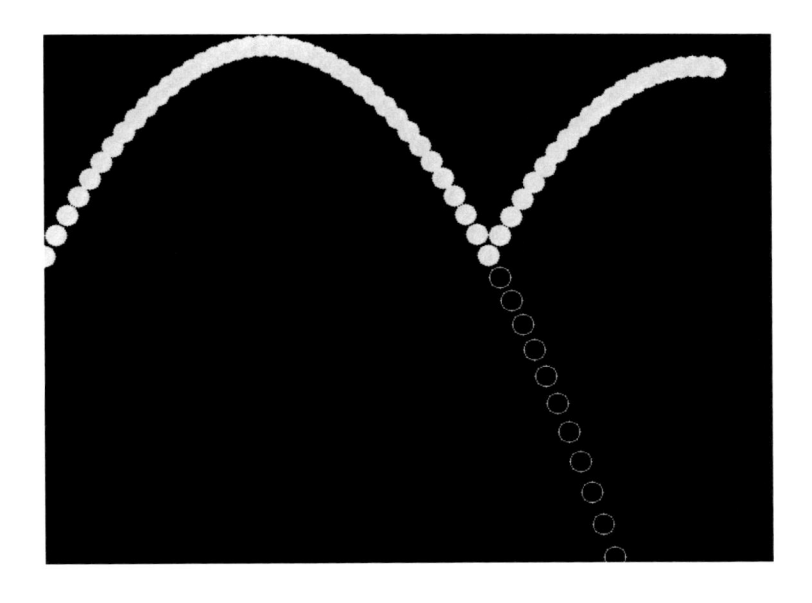

●ぷにーんくん「おおっボールがはずんだ！」

●ぷにたろう「はずんでいるね！」

●かわいいちゃん「それっぽく見えてよかった……」

10.6　だんだん，はずまなくなる？

●ぷにーんくん「はずんでいるのがもっと見たい」

●かわいいちゃん「もっとっていうのは？」

●ぷにーんくん「うーん，3回くらいはずんでいるのとか」

●かわいいちゃん「横の進みかたをにぶくするといいんじゃないかな」

●ぷにたろう「今はループは10ずつ進めているけど，3ずつにするとか」

●かわいいちゃん「こんな感じかなあ」

```
nll> 4 4 LP.X,150,0,4
nll> 8 8 (Y>=400):V=-V
nll> LS.
1 GSCREEN(G_FLUSH)
2 V=-20
3 Y=200
4 LP.X,150,0,4
5 GCIRCLE(X,Y,10,,G_GREEN,G_FILL)
6 V=V+1
7 Y=Y+V
8 (Y>=400):V=-V
9 LE.
nll>
```

●かわいいちゃん「2ずつ進めるようにしてみて，減らしたぶん，ループ回数は150にした」

●ぷにたろう「なるほど」

●かわいいちゃん「あと，Vをひっくり返すのを，400のところにした」

●ぷにーんくん「やってみてよう」

●かわいいちゃん「画面を一度消そうか」

```
nll> GCLEAR()
nll> R.
nll>
```

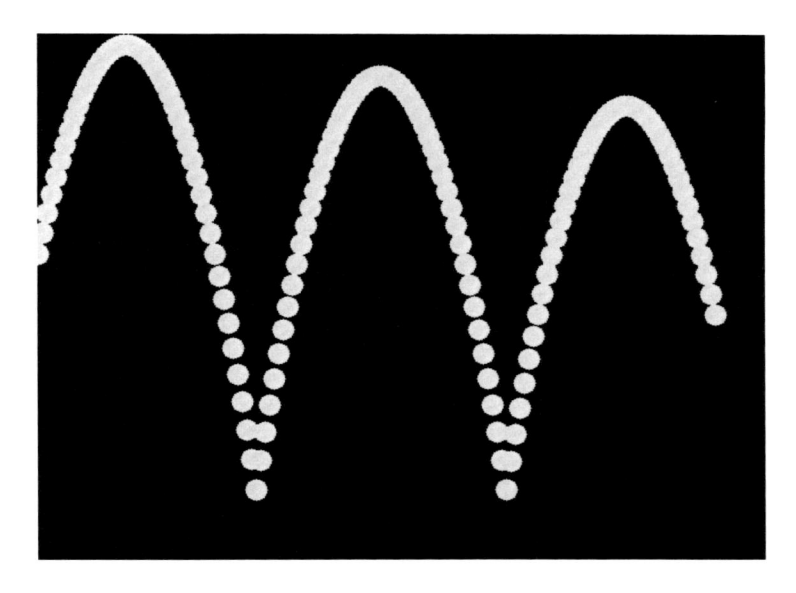

●ぷにーんくん「おお，いっぱいはずんでいる！」

●ぷにたろう「これって，だんだんはずまなくなるような感じに見えるけど」

●かわいいちゃん「うーん，なんでだろ」

●ぷにーんくん「あれこれって，わざとじゃないんだ」

●かわいいちゃん「極端なスーパーボールみたいに，ずっと同じだけはずむようになると思ったんだけどなあ」

●ぷにたろう「なんでだろうね」

●かわいいちゃん「まあ雑な計算だからなあ……なんかズレちゃうのかも」

10.7　円の面積を調べる

●ぷにーんくん「ボールを描くときって，GCIRCLEっていうのを使っているよね」

●ぷにたろう「そうだね」

●ぷにーんくん「えーっと，塗りつぶしってどうやるんだっけ」

●かわいいちゃん「G_FILLっていうのだね」

```
nll> GCLEAR()
nll> GCIRCLE(100,100,100,,G_GREEN,G_FILL)
nll>
```

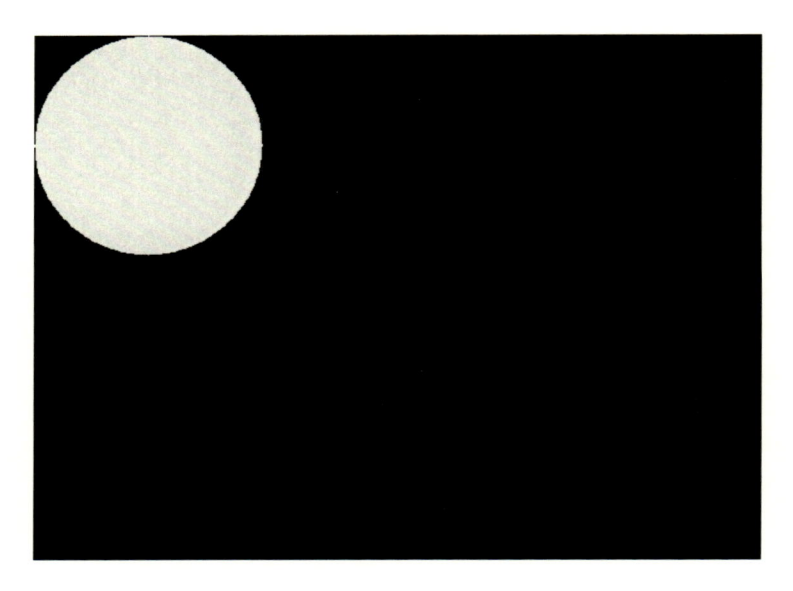

●ぷにたろう「お，塗りつぶされた」

●ぷにーんくん「これで緑の部分を数えれば，円の面積がわかるんじゃないかなあ」

●ぷにたろう「あ，それはできるかも」

●かわいいちゃん「やってみようか」

```
nll> NW.
nll> 1 S=0
nll> 2 LP.X,201
nll> 3 LP.Y,201
nll> 4 C=GGETPIXEL(X,Y)
nll> 5 (C==G_GREEN):S=S+1
nll> 6 LE.
nll> 7 LE.
nll> 8 P.S
nll> R.
31313
nll>
```

●かわいいちゃん「GGETPIXELでその位置の色がわかるので，それを使ってみた」

●ぷにたろう「緑ならSを足していくんだね」

●ぷにーんくん「えーっと，31313っていうのが円の面積なのかな」

●ぷにたろう「円の半径は，100だよね」

●かわいいちゃん「うん」

●ぷにたろう「円の面積は半径×半径×円周率だから，だいたい $100 \times 100 \times 3.14159$ っていう感じだ」

●ぷにーんくん「そうなの？」

●ぷにたろう「だから四捨五入すればだいたい31416くらいになるから，だいたい合っているかな」

●かわいいちゃん「すると，これで円周率がだいたい求められていることになるのかな」

●ぷにたろう「そうなるか．うーん，すごい」

●ぷにーんくん「えー，何々？」

10.8 ピタゴラスの定理を説明する

●ぷにーんくん「そういえば前に言ってた，ピタゴラスって何？」

●かわいいちゃん「ピタゴラスの定理のことかな」

●ぷにたろう「直角三角形の斜辺を掛け合わせると，他の辺を掛け合わせて足した数と同じになる，っていうやつだね」

●ぷにーんくん「それって何でそうなるの？」

●ぷにたろう「えーっと」

●かわいいちゃん「長方形の面積っていうものがわかれば，わりと簡単に説明できるよ」

●ぷにたろう「そうだった気はする」

●ぷにーんくん「それ，NLLでやってみてよ」

●ぷにたろう「ええーっ，できるかなあ」

●かわいいちゃん「無理ならあたしがやろうか？」

かわいいちゃんはニヤニヤしながら言ってきます．
ぷにたろうはムキになって言いました．

●ぷにたろう「えーっと，まずこんな感じかな」

```
nll> GCLEAR()
nll> GBOX(0,0,199,199,G_GREEN)
nll> GLINE(60,0,0,140,G_GREEN)
nll>
```

●ぷにたろう「GPAINTで塗りつぶしてみよう」

```
nll> GPAINT(1,1,G_BLUE)
nll>
```

●ぷにたろう「これって回転ってできるのかな」
●かわいいちゃん「それはGROTATEだね．こんな感じ」

```
nll> GROTATE(0,0,200,200,100,100,1)
nll>
```

●ぷにーんくん「お，右に回った」
●かわいいちゃん「指定された範囲を，指定された点を中心にして回転させる感じだね」
●ぷにたろう「これができれば，繰り返し描いていけるな」

```
nll> GLINE(60,0,0,140,G_GREEN)
nll> GPAINT(1,1,G_BLUE)
nll>
```

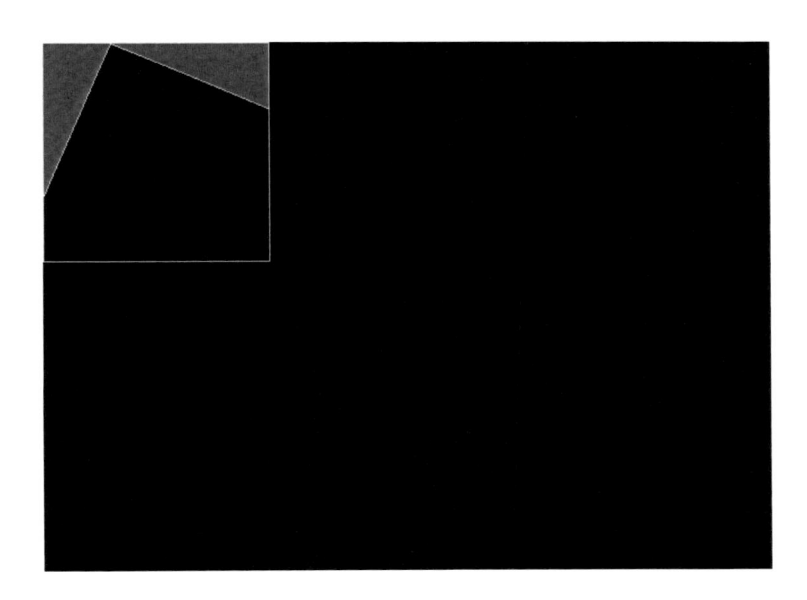

●ぷにたろう「で，もう一度回す」

```
nll> GROTATE(0,0,200,200,100,100,1)
nll>
```

●ぷにたろう「これを繰り返すと，こうなる」

ぷにたろうは，ヒストリを利用して繰り返しました．

```
nll> GLINE(60,0,0,140,G_GREEN)
nll> GPAINT(1,1,G_BLUE)
nll> GROTATE(0,0,200,200,100,100,1)
nll> GLINE(60,0,0,140,G_GREEN)
nll> GPAINT(1,1,G_BLUE)
nll>
```

●ぷにたろう「こんな感じ」
●ぷにーんくん「ヒストリが役に立つなあ」
●かわいいちゃん「真ん中も，塗りつぶしてみようよ」

```
nll> GPAINT(100,100,G_WHITE)
nll>
```

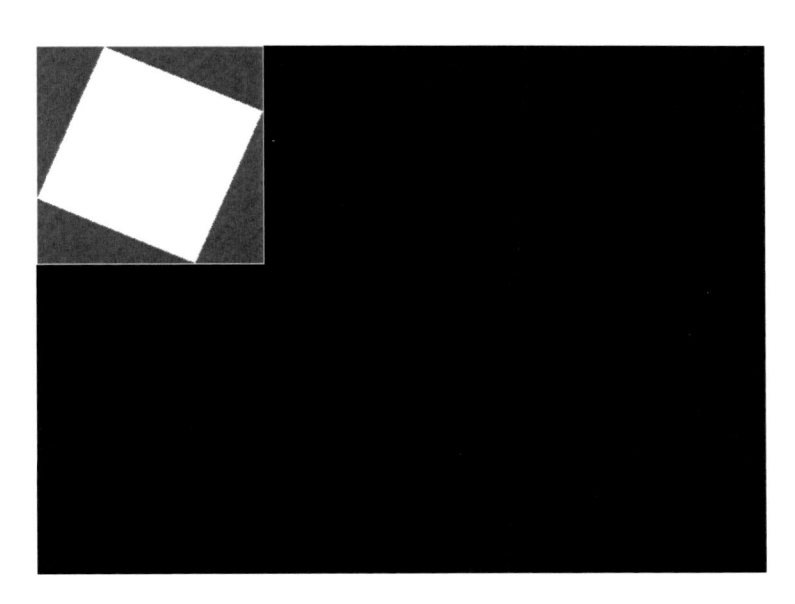

●ぷにーんくん「これがいったいどうなるの？」
●ぷにたろう「まず，直角三角形が4つあるよね」

●ぷにーんくん「うん」

●ぷにたろう「これの斜辺の長さをCとしよう」

●ぷにーんくん「うん」

●ぷにたろう「でもってそれ以外の辺の，短いのをA，長いのをBとする」

●ぷにーんくん「うん」

●ぷにたろう「さらに直角三角形は2個を合わせると長方形になるから，その面積はA×Bだよね」

●ぷにーんくん「それはわかる」

●ぷにたろう「長方形は2つ作れるから，その面積はA×B×2になるね」

●ぷにーんくん「うん」

●ぷにたろう「それとは別に，この正方形の全体の面積はどうなるかというと，こうするとわかる」

```
nll> GBOX(300,0,499,199,G_GREEN)
nll> GLINE(360,0,360,199,G_GREEN)
nll> GLINE(300,60,499,60,G_GREEN)
nll>
```

●ぷにたろう「おんなじのを隣に描いてみた」

●ぷにーんくん「大きさが同じっていうことかな」

●ぷにたろう「色もつけよう」

```
nll> GPAINT(301,1,G_WHITE)
nll> GPAINT(361,61,G_WHITE)
nll> GPAINT(301,61,G_BLUE)
nll> GPAINT(361,1,G_BLUE)
```

nll>

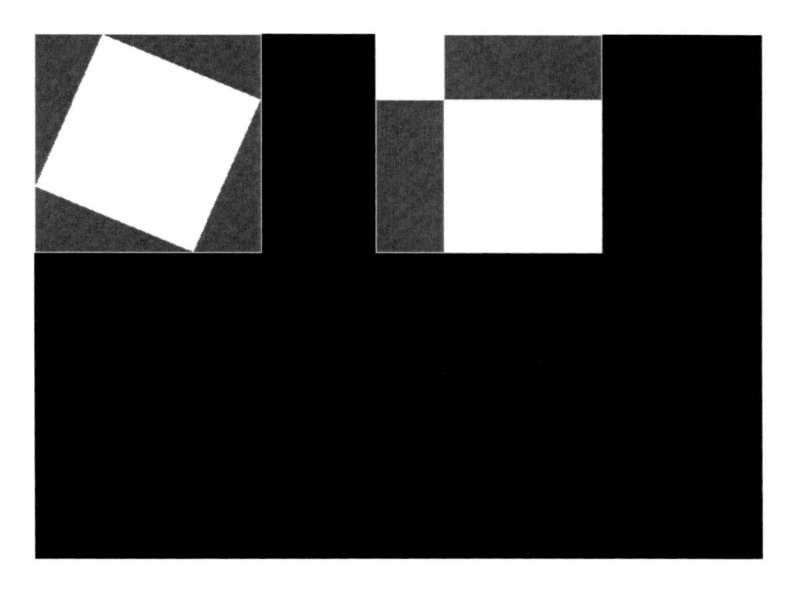

- ●ぷにたろう「できた」
- ●ぷにーんくん「なんかきれい」
- ●ぷにたろう「これで青いところと白いところの面積が，右と左ので同じになるんだよ」
- ●ぷにーんくん「？？？なんでなんでなんで？？？」
- ●ぷにたろう「左の青い三角形を2つ合わせると，右の青い長方形と同じになることはわかるかな」
- ●ぷにーんくん「ああ，それはそうなりそう」
- ●ぷにたろう「だから右と左で，白い部分の面積も同じになる」
- ●ぷにーんくん「右と左で，全体の面積も同じだからか」
- ●ぷにたろう「そう」
- ●ぷにーんくん「それはわかる」
- ●ぷにたろう「でもって右の白い2つの正方形の面積は，A×AとB×Bだ」
- ●ぷにーんくん「それはそう」
- ●ぷにたろう「で，左の白い正方形の面積はC×Cなんだよね」
- ●ぷにーんくん「そうなるかな」
- ●ぷにたろう「ということは右の白い部分の面積はA×A＋B×Bで，それがC×Cと同じってことになる」
- ●ぷにーんくん「ああっわかった．そういうことか」
- ●ぷにたろう「じゃあ，もうちょい詳しく説明しよう」
- ●ぷにーんくん「うん」
- ●ぷにたろう「右に描いた正方形は，2つの正方形と2つの長方形からできているね」
- ●ぷにーんくん「白いのが2つと，青いのが2つってことだよね」

ぷにーんくんはふんふんとうなずきながら聞いています.

- ●ぷにたろう「そう. 白い2つの正方形の面積は, A×AとB×Bだ」
- ●ぷにーんくん「それはそう」
- ●ぷにたろう「で, 青い長方形の面積は, A×Bだね」
- ●ぷにーんくん「それもそう」
- ●ぷにたろう「すると右のやつの全体の面積は, 白の正方形が2つと長方形が2つなので, A×A＋B×B＋A×B×2になる」
- ●ぷにーんくん「そうなるかな」
- ●ぷにたろう「ここで左のほうを思い出すと, 三角形の部分の面積はA×B×2になっていたんだよね」
- ●ぷにーんくん「そうだったような」
- ●ぷにたろう「ところが当り前のことだけど, 右のやつと左のやつで, 全体の面積は同じだ」
- ●ぷにーんくん「そりゃそうだ. 同じ大きさなんだから」
- ●ぷにたろう「すると左のやつは, なんと全体の面積はA×A＋B×B＋A×B×2で, 三角形の部分の面積はA×B×2ってことになるわけだ」
- ●ぷにーんくん「あ, なんかわかってきたかも」
- ●ぷにたろう「そうすると左の白い長方形の面積は, 全体から三角形の部分を引いたものだけど, A×B×2の部分がおんなじなので, A×A＋B×Bってことになるんだよね」
- ●ぷにーんくん「うん」
- ●ぷにたろう「ところが斜辺はCなので, そこの面積はC×Cだから, A×A＋B×BとC×Cは等しい, ということになる. これがピタゴラスの定理っていうやつ」
- ●ぷにーんくん「おー, そんなきれいな話に」
- ●ぷにたろう「なので面積的には, 右と左の図で, 青いところと白いところの面積が同じ, ということになる」
- ●ぷにーんくん「なるほどねえ」
- ●ぷにたろう「すごい. ピタゴラスの定理を, グラフィック画面だけで説明しきれた……」

10.9　ピタゴラスの定理を確認する

- ●かわいいちゃん「円の面積みたいに, 実際に数えてみましょうよ」
- ●ぷにたろう「円のときと同じような感じでできるかな」

```
nll> NW.
nll> 1 S=0
nll> 2 LP.X,200
nll> 3 LP.Y,200
nll> 4 C=GGETPIXEL(X,Y)
```

```
nll> 5 (C==G_WHITE):S=S+1
nll> 6 LE.
nll> 7 LE.
nll> 8 P.S
nll> R.
22288
nll>
```

●ぷにたろう「ええと，22288って出たね」
●かわいいちゃん「Aは60，Bは140だよね」
●ぷにたろう「うん」
●かわいいちゃん「すると，A×A＋B×Bはこうか」

```
nll> P.60*60+140*140
23200
nll>
```

●ぷにたろう「22288と23200だから，だいたい合っていると言えるのだろうか……」
●かわいいちゃん「まあ緑の線の上をどうするかというのはあるから，だいたいいいんじゃない」
●ぷにたろう「そうなんだよねえ．緑の線はどうすればいいんだろ」
●かわいいちゃん「数えて，単純に2で割って足しちゃえば」
●ぷにたろう「やってみるか」

```
nll> 5 5 (C==G_GREEN):S=S+1
nll> R.
560
nll> P.560/2
280
nll> P.22288+280
22568
nll>
```

●ぷにたろう「22568と23200になった」
●ぷにーんくん「あんまり，変わってはいないような」
●かわいいちゃん「まあ適当な計算だし，こんなもんなのかもねえ」
●ぷにたろう「まあなんにせよ，ピタゴラスの定理をグラフィックで確認できたような気は，する」
●かわいいちゃん「グラフィックでできたっていうのは，すごくすごいと思うよ」
●ぷにーんくん「すごくすごいっていうのは，なんかすごくすごそう」

第11章 いろんなループ

11.1 無限ループ

●かわいいちゃん「NLLはループのやり方にいくつか種類があるよ」

かわいいちゃんは，おもむろに言い出しました．

●かわいいちゃん「それを覚えておくといいんじゃないかなあ」
●ぷにたろう「まあ，ありそうだけど」
●かわいいちゃん「教えてあげるから，ついでにやっておきなさいよ」
●ぷにたろう「そのほうが融通が利くかな」
●かわいいちゃん「まあ，そうね」

かわいいちゃんは，もっといろいろプログラムを書きたいようです．
そしてそのためには，2人がもっと書けるようになると楽しいなあ，と思っているみたいです．

●かわいいちゃん「まずは無限ループね」
●ぷにたろう「無限ループか」
●ぷにーんくん「無限に続くループ？」
●ぷにたろう「まあ，だいたい想像つくけど」
●かわいいちゃん「やってごらんなさいな」
●ぷにたろう「PC借りるよ」

言ってぷにたろうは，NLLを起動して，次のように入力しました．

```
nll> 1 .L
nll> 2 FPRINT("Hello NLL! ")
nll> 3 G.L
nll>
```

●ぷにたろう「こんな感じかな」
●かわいいちゃん「いいんじゃない」
●ぷにたろう「実行してみよう」

```
nll> R.
...
Hello NLL! Hello NLL! Hello NLL! Hello NLL! Hello NLL! Hello NLL!
...
```

●ぷにーんくん「うわっ，またドバーっと出たよー」
●かわいいちゃん「うろたえないの！」
●ぷにたろう「えーっと，Ctrl＋Cで止められるんだったかな」

そう言うとぷにたろうは，Ctrlキーを押しながら，Cキーを押しました．

```
...
NLL! Hello NLL! Hello NLL! Hello NLL!
Break at: G.L
nll>
```

●ぷにーんくん「止まった……」
●ぷにたろう「C.で，再開できるんだったっけ」

```
nll> C.
...
Hello NLL! Hello NLL! Hello NLL! Hello NLL! Hello NLL! Hello NLL!
...
```

●ぷにーんくん「またドバーっと出てるー」
●かわいいちゃん「はい，うろたえない！」
●ぷにたろう「Ctrl＋Cで止めよう」

```
...
NLL! Hello NLL! Hello NLL! Hello NLL!
Break at: G.L
nll>
```

●ぷにーんくん「ああ，止まった……」
●ぷにたろう「なぜそんなにあせる」
●ぷにーんくん「なんか暴走してるみたいで……」
●ぷにたろう「暴走って……今どき言わないでしょ」

11.2　ラベルを使わずにジャンプする

- ●かわいいちゃん「まあ，これが無限ループね」
- ●ぷにーんくん「こわいなあ」
- ●かわいいちゃん「G.はジャンプするだけだけど，前に戻ることもできるの」
- ●ぷにーんくん「だから延々と繰り返すのか」

ぷにーんくんは，ちょっと落ち着いたようです．

- ●かわいいちゃん「他にも，ラベルを使わない方法もあるよ」
- ●ぷにたろう「それは知ってる．GN.だ」
- ●ぷにーんくん「GN.って何？」
- ●ぷにたろう「実はグラフィックのとき，お試しでちょろっと出てきてたんだよね」
- ●ぷにーんくん「まったく覚えてない」
- ●ぷにたろう「でも，前の行に戻るにはどうするんだろう」
- ●かわいいちゃん「マイナスの値で，前の行に戻るよ」
- ●ぷにたろう「こんな書き方かな」

```
nll> NW.
nll> 1 FPRINT("Hello NLL! ")
nll> 2 GN.-1
nll>
```

- ●ぷにたろう「やってみようか」

```
nll> R.
...
NLL! Hello NLL! Hello NLL! Hello NLL! Hello NLL! Hello NLL! Hello NLL! ...
...
```

- ●ぷにーんくん「うーわー」
- ●かわいいちゃん「落ち着きなさいって」
- ●ぷにたろう「同じ感じだね」

ぷにたろうがCtrl＋Cキーで止めます．

- ●ぷにーんくん「GN.って何？」
- ●ぷにたろう「この場合だと，1行戻る感じかな」
- ●かわいいちゃん「そうね」

●ぷにたろう「GN.2とか書くと，2行先にジャンプだよね」
●ぷにーんくん「やってみてよ」

ぷにたろうは，こんなプログラムを書きました．

```
nll> NW.
nll> 1 GN.2
nll> 2 P.1
nll> 3 P.2
nll> R.
2
nll>
```

●ぷにたろう「やっぱり，そうみたいだね」
●かわいいちゃん「そうね」
●ぷにーんくん「どういうこと？」
●ぷにたろう「GN.2で，2行先にジャンプしているんだよ」
●かわいいちゃん「P.2っていう行ね．3行目」
●ぷにたろう「だからそこで2が表示されて終わっている」
●ぷにーんくん「2行目は実行されないのか」
●かわいいちゃん「そうね」
●ぷにたろう「ジャンプして，飛び越しているからだね」
●ぷにーんくん「G.だと飛び先を指定するけど，GN.だと何行スキップするかを指定する感じか」
●ぷにたろう「そうだね」
●ぷにーんくん「マイナスだと，前に戻る感じになるのか」
●ぷにたろう「ゼロだとどうなるんだろ」
●かわいいちゃん「今実行している行をもう一度実行，だね」
●ぷにたろう「やってみよう」

```
nll> NW.
nll> 1 FPRINT("Hello NLL! "); GN.0
nll> R.
...
 NLL! Hello NLL! Hello NLL! Hello NLL! Hello NLL! ...
...
```

●ぷにーんくん「また無限ループ……」
●ぷにたろう「GN.0で，今いる行の先頭に戻るのかな」
●かわいいちゃん「そうね」

今度はぷにーんくんが，Ctrl＋Cキーで止めました．

● ぷにーんくん「もう止めかた覚えたもんね」
● かわいいちゃん「よかったじゃない」
● ぷにーんくん「これで安心して暴走させられる」
● ぷにたろう「暴走じゃないって」
● ぷにーんくん「GN. のほうが，簡単でいいなあ」
● ぷにたろう「そうかなあ」
● ぷにーんくん「だって，簡単じゃん」
● ぷにたろう「でも，G. のほうが飛び先がどこなのかわかりやすいよ」
● かわいいちゃん「まあできることは同じなんだし，使いやすいほうでいいんじゃない」
● ぷにたろう「まあ，どっちも使えればいいだけか」

11.3　別のループ方法

● かわいいちゃん「他にもループなら，F. を使った書き方もあるよ」
● ぷにたろう「それも知ってる」
● ぷにーんくん「何何？」
● ぷにたろう「F. だと，こんな感じかな」

```
nll> NW.
nll> 1 F.I=0,I<10,I++
nll> 2 P.I
nll> 3 N.
nll> R.
0
1
2
3
4
5
6
7
8
9
nll>
```

● ぷにーんくん「LP. に似てるね」
● ぷにたろう「F. だと，まず1つ目に書いたことが実行される」
● かわいいちゃん「この場合は，I=0ね」

●ぷにたろう「これで，最初に変数Iがゼロになる」

●ぷにーんくん「ふんふん」

●ぷにたろう「で，F.とN.の間が，2つ目の条件が満たされる間，繰り返される」

●かわいいちゃん「F.の2つ目に書かれた条件はI<10となっているから，変数Iが10より小さい間ね」

●ぷにーんくん「なるほど」

●ぷにたろう「でもって繰り返されるたびに，3つ目に書いたことが実行される」

●かわいいちゃん「F.の3つ目に書かれているのはI++だから，変数Iが1だけ足されることになるのね」

●ぷにたろう「I++って，そういう意味か」

●かわいいちゃん「1だけ増やすって意味ね」

●ぷにーんくん「へー」

●かわいいちゃん「わかってないでしょ」

●ぷにーんくん「うん，わかんない！」

●ぷにたろう「まあいいけど」

●ぷにーんくん「わかんないから，LP.でいいんじゃないの」

●ぷにたろう「たぶんだけど，いろいろ融通効いた書き方ができるんじゃないかな」

●かわいいちゃん「そうね」

●ぷにーんくん「融通かー」

●ぷにたろう「まあとりあえずは，自分が書ける書き方で書けばいいと思うよ」

●ぷにーんくん「そうしよう」

11.4　ループの実際の動作

●ぷにたろう「F.とN.の，正確な動作はどうなっているのかな」

●かわいいちゃん「正確には，F.の1つ目の式が最初に評価されてるのね」

●ぷにたろう「うん」

●かわいいちゃん「で，F.があることが認識されたらそのまま順に実行は進むの」

●ぷにたろう「うんうん」

●かわいいちゃん「そうすると，2行目が実行されて，次にN.にたどりつく」

●ぷにたろう「そうなるね」

●かわいいちゃん「で，N.があるのでそこでF.の2つ目と3つ目の式が評価される」

●ぷにたろう「うん」

●かわいいちゃん「評価されると言ったけど，この場合は3つ目の式は，実行されると考えていいかも」

2人の会話についていけず，ぷにーんくんはぽかんとしています．

●ぷにーんくん「難しい話だなあ」

2人は気にせず続けます.

こうした難しい話も，好きなようです.

●ぷにたろう「評価の順番は？」

●かわいいちゃん「まず3つ目のI++が行われ，次に2つ目のI<10が満たされるなら，F.の次の位置に戻る」

●ぷにたろう「そういう順番か」

●かわいいちゃん「で，P.でIが表示される．この繰り返し」

●ぷにたろう「繰り返しが終わるのは？」

●かわいいちゃん「N.で2つ目の式が評価されて，それが満たされないときね」

●ぷにたろう「そうするとどうなる」

●かわいいちゃん「N.の次に進むことになるね」

●ぷにたろう「ループから抜ける，ということかな」

●かわいいちゃん「そうね」

●ぷにーんくん「解決したのかな」

●ぷにたろう「まあ，だいたいわかったかな」

●かわいいちゃん「それはよかった」

ループの説明がひと段落すると，3人は部屋に戻りました.

その晩，ぷにーんくんは夢を見ました.

夢の中では，ループを使ってプログラミングをしていました.

第12章　文字列を扱う

12.1　文字列を表示する

●ぷにーんくん「そういえばさ」

朝，NLL学校に向かっている途中，ぷにーんくんが唐突に言い出しました．

●ぷにーんくん「昨日，FPRINTっていうのを使っていたじゃない」
●ぷにたろう「うん」
●ぷにーんくん「あそこで，なんだかチョンチョン記号みたいなのを使っていたけど」
●ぷにたろう「あー，ダブルクォートのことかな」
●ぷにーんくん「あれ何？」
●ぷにたろう「たぶん，文字列を表しているんだと思う」
●ぷにーんくん「文字列って？」
●ぷにたろう「数値じゃなくて，こんにちはとかの文のこと」
●ぷにーんくん「うん」
●ぷにたろう「たぶんそういうのも，変数に入れて扱えるんじゃあないかな」
●ぷにーんくん「イメージ湧かないなあ」
●ぷにたろう「学校に行ったら，やってみようか」

その後は，昨日の算数の問題を解く話や，道の途中のカマキリの話をしました．

学校に着くと，さっそく「文字列の教室」に向かいました．
文字列の教室は，3階にあります．
教室には他にも生徒がちらほらいます．

●ぷにーんくん「かわいいちゃんはいないかな」
●ぷにたろう「いないみたいだね」
●ぷにーんくん「残念」
●ぷにたろう「いてくれると助かるけど，しょうがない」

2人は窓際の机に座ります．
ぷにーんくんが壁を見回すと，こんなことが書いてある紙がありました．

文字列を表示してみましょう.

```
nll> P."ABC"
```

●ぷにたろう「まずは，やってみようか」

ぷにたろうはリュックからPCを取り出して，電源を入れました.

●ぷにたろう「ぷにーんくんも，自分のPCをもらえば」
●ぷにーんくん「使わせてもらってばかりじゃ，悪いかなあ」
●ぷにたろう「それは別に全然構わないんだけど，ぷにーんくんが不便でしょ」

人のを使っていることを気にしちゃうかな，とぷにたろうは思いました.
気にさせないようにしようと，ぷにたろうは気を使って言います.

●ぷにたろう「学校に言うだけなんだしさ」
●ぷにーんくん「どこで売ってるんだろう」

なんだか話がかみ合わないなあ，とぷにたろうは思います.

●ぷにたろう「学校で配っているじゃん」
●ぷにーんくん「配ってるって？」
●ぷにたろう「え，知らないの？」

ぷにたろうは驚いて言いました.

●ぷにたろう「生徒はみんな1台，もらえるんだよ」
●ぷにーんくん「え，そうなの⁉」
●ぷにたろう「ぼくのPCも，学校からもらったものだよ」
●ぷにーんくん「もちろん知らなかったよ……」
●ぷにたろう「そういえば，NLL学校のこともよく知らなかったんだっけ」
●ぷにーんくん「門のところでぷにたろうに誘われて入ったんじゃん」
●ぷにたろう「そういえば，そうだった」
●ぷにーんくん「そうだよ」
●ぷにたろう「もっと早く教えてあげればよかったか……」

それはそうだなという表情で，ぷにたろうは言いました．

●ぷにたろう「まあ，とりあえずはぼくのをいっしょに使うのでいいよ」
●ぷにーんくん「ごめんねえ」
●ぷにたろう「いや全然，ぼくは構わないよ」

ぷにたろうは気を使わせないように，気をつけて言います．
友達にあまり気を使わせたくないようです．
ぷにたろうも，1台のPCでいっしょにやるのは，嫌いではないのです．
それは，ぷにーんくんにも伝わったようです．

●ぷにたろう「もらえるんだから，もらっておけばと思っただけ」
●ぷにーんくん「そう言ってもらえると助かるよ．ありがと」
●ぷにたろう「まあとりあえず，やってみようよ」

PCが起動したので，さっそくNLLを起動します．

```
nll> P."ABC"
ABC
nll>
```

●ぷにたろう「まずはこんな感じかな」
●ぷにーんくん「フツーに出たね」
●ぷにたろう「まずはこんな感じかな」
●ぷにーんくん「チョンチョン記号でくくると，文字列っていうことになるのかな」
●ぷにたろう「ダブルクォートのことだね」
●ぷにーんくん「ダブルクォートっていうのか」
●ぷにたろう「朝，来る途中で言ってたやつだよ」

12.2　変数に文字列を代入する

隣には，このように書かれた紙がありました．

変数に，文字列を代入してみましょう．

```
nll> S="ABC"
nll>
```

変数Sを表示してみましょう．

●ぷにたろう「これもやってみようか」

```
nll> S="ABC"
nll>
```

●ぷにーんくん「何にも起きないね」
●ぷにたろう「まあ，代入しただけだから」
●ぷにーんくん「まあそうか」
●ぷにたろう「表示してみようか」

```
nll> P.S
ABC
```

●ぷにーんくん「お，出た」
●ぷにたろう「変数Sに，ABCという文字列が格納されている，ということかな」
●ぷにーんくん「変数には文字列も代入できるのか」
●ぷにたろう「そういうことになるね」
●ぷにーんくん「文字列を入れた後，数を入れたらどうなるんだろう」
●ぷにたろう「やってみようか」
●ぷにーんくん「今は変数Sに"ABC"っていう文字列が入っているよね」
●ぷにたろう「続けて10とか入れてみるか」

```
nll> P.S
ABC
nll> S=10
nll> P.S
10
nll> P.S+1
11
nll>
```

●ぷにたろう「S+1が11になっているから，数が入っているみたい」
●ぷにーんくん「逆はどうだろ．数の後に文字列」

```
nll> P.S
10
nll> S="DEF"
nll> P.S
DEF
nll>
```

●ぷにたろう「文字列に戻ったみたいだね」

●ぷにーんくん「数でも文字列でも，自由に入れられるのかな」

●ぷにたろう「そうみたいだね」

12.3　文字列の演算

●ぷにーんくん「変数に文字列入れられるのはいいんだけど」

●ぷにたろう「うん」

●ぷにーんくん「これ，計算とかしたらどうなるんだろ」

●ぷにたろう「うーん，計算ってどんなの？」

●ぷにーんくん「足すとか引くとか掛けるとか」

●ぷにたろう「数にできるものなら数として計算する，とかかなあ」

●ぷにーんくん「まあ，やってみればいいのか」

```
nll> A="ABC"
nll> B="DEF"
nll> C=A+B
nll> P.C
ABCDEF
nll>
```

●ぷにたろう「あ，くっついた」

●ぷにーんくん「くっついたよ！」

●ぷにたろう「ということは，こういうことか」

```
nll> A=10
nll> B=20
nll> C=A+B
nll> P.C
30
nll>
```

●ぷにたろう「次に，こう」

```
nll> A="10"
nll> B="20"
nll> C=A+B
nll> P.C
1020
nll>
```

●ぷにたろう「やっぱりなあ」

●ぷにーんくん「うーん，どういうことだ」

●ぷにたろう「上のは，10っていう数と20っていう数の足し算なので，30になる」

●ぷにーんくん「うん」

●ぷにたろう「下のは，"10"っていう文字列と"20"っていう文字列をくっつける」

●ぷにーんくん「そうね」

●ぷにたろう「だからくっついて，"1020"っていう文字列になる」

●ぷにーんくん「30にはならないの？」

●ぷにたろう「そうだね」

●ぷにーんくん「数に置き換えて計算してくれるわけではないのか」

●ぷにたろう「文字列はあくまで文字列みたいだね」

12.4　できない演算

●ぷにーんくん「じゃあこうしたらどうなるんだろ」

```
nll> A=10
nll> B="20"
nll> C=A+B
Invalid value type: C=A+B
nll>
```

●ぷにーんくん「なんだこりゃ」

●ぷにたろう「エラーだね」

●ぷにーんくん「30とかにしてくれないのか」

●ぷにたろう「数と文字列の足し算はできないよ，って言ってるみたい」

●ぷにーんくん「引き算は，どうだろう」

```
nll> A="10"
nll> B="20"
nll> C=A+B
nll> P.C
1020
nll> D=C-A
Unsupported operator: D=C-A
nll>
```

●ぷにたろう「エラーだね」

●ぷにーんくん「う，これは納得いかない」

●ぷにたろう「サポートされてない計算，って言ってるみたい」

- ●ぷにーんくん「納得いかないよう」
- ●ぷにたろう「うーん，気持はわかる」
- ●ぷにーんくん「AとBを足してCなんだから，CからAを引いたらBになるんじゃあ」
- ●ぷにたろう「言いたいことはわかる」
- ●ぷにーんくん「納得いかないー」
- ●ぷにたろう「まあ，文字列の演算に引き算は定義されていない，ということかな」
- ●ぷにーんくん「それなら納得できる」
- ●ぷにたろう「え，納得できるの!?」
- ●ぷにーんくん「だって未定義の演算ってことでしょ」
- ●ぷにたろう「その切替えスキルが謎だ……」
- ●ぷにーんくん「掛け算とかはどうだろう」

```
nll> A="10"
nll> B="20"
nll> C=A*B
Unsupported operator: C=A*B
nll> C=A/B
Unsupported operator: C=A/B
nll>
```

- ●ぷにーんくん「文字列に対しては，掛け算も割算もできないね」
- ●ぷにたろう「できるのは足し算だけってことか」
- ●ぷにーんくん「でも，くっつけているので，足し算ではないよね」
- ●ぷにたろう「うーん，そうだよねえ」
- ●ぷにーんくん「文字列に対してプラス記号を使うと，くっつける，ということか」
- ●ぷにたろう「まあそういうことかなあ」
- ●ぷにーんくん「文字列，なんかあんまり便利な気がしない」
- ●ぷにたろう「そんなことないでしょ」
- ●ぷにーんくん「そうかなあ」
- ●ぷにたろう「名前とか扱うときには必要だしさ」

言ってぷにたろうは，こんなことをやってみました．

```
nll> N="NLL"
nll> S1="kun"
nll> S2="chan"
nll> P.N+S1
NLLkun
nll> P.N+S2
```

```
NLLchan
nll>
```

●ぷにたろう「ほら，名前を出してみたよ」
●ぷにーんくん「くんとかちゃんをつけたわけかあ」
●ぷにたろう「こんなふうにして使える」
●ぷにーんくん「うーん，でもこれ，便利なのかなあ……」

12.5　数か文字列か？

●ぷにーんくん「でもさあ」
●ぷにたろう「うん？」
●ぷにーんくん「例えばこうするとするじゃん」

```
nll> A=10
nll> P.A
10
nll>
```

●ぷにーんくん「次に，こうする」

```
nll> A="10"
nll> P.A
10
nll>
```

●ぷにーんくん「どっちも10って出ちゃうんだけど」
●ぷにたろう「上のやつは10という数だけど，下のは"10"っていう文字列だよ」
●ぷにーんくん「まあそうなんだろうけど」
●ぷにたろう「だから同じ10でも，全然違う」
●ぷにーんくん「でも，判別できないよう」
●ぷにたろう「こうすればわかるんじゃないかな」
●ぷにーんくん「どうやるの」
●ぷにたろう「まず，こう」

```
nll> A=10
nll> P.A
10
nll> P.A+1
11
```

●ぷにたろう「次に，こう」

```
nll> A="10"
nll> P.A
10
nll> P.A+1
Invalid value type: P.A+1
nll>
```

●ぷにたろう「1と足し算したとき，文字列だとエラーになるから，文字列だとわかる」
●ぷにーんくん「まあそうだけど，もっとスマートなやり方ないかな」
●ぷにたろう「あ，これがそれかも」

ぷにたろうは，壁にある1枚の紙を指さしました．

変数の種類を表示してみましょう．

```
nll> A=10
nll> P.TYPENAME(A)
nll> A="ABC"
nll> P.TYPENAME(A)
```

変数の種類を調べてみましょう．

```
nll> A=10
nll> (TYPENAME(A)=="INTEGER"):P."integer"
nll> A="ABC"
nll> (TYPENAME(A)=="STRING"):P."string"
```

●ぷにーんくん「へー，こんなのがあるんだ」
●ぷにたろう「やってみようか」

```
nll> A=10
nll> P.TYPENAME(A)
INTEGER
nll>
```

●ぷにたろう「INTEGER，って出たね」
●ぷにーんくん「INTEGERって，どういう意味だろう」

●ぷにたろう「整数，っていう意味かな」

●ぷにーんくん「文字列のほうもやってみようよ」

●ぷにたろう「うん」

```
nll> A="ABC"
nll> P.TYPENAME(A)
STRING
nll>
```

●ぷにたろう「こっちはSTRINGって出た」

●ぷにーんくん「STRINGっていうのは？」

●ぷにたろう「文字列のことだね」

●ぷにーんくん「種類を調べるほうもやってみようよ」

```
nll> A=10
nll> (TYPENAME(A)=="INTEGER"):P."integer"
integer
nll>
```

●ぷにーんくん「integerって出た」

●ぷにたろう「数ならば表示する，っていう判定ができているっていうことなのかな」

●ぷにーんくん「文字列だとどうだろう」

```
nll> A="ABC"
nll> (TYPENAME(A)=="STRING"):P."string"
string
nll>
```

●ぷにたろう「こっちもstringって出たね」

●ぷにーんくん「TYPENAMEの結果は，==でチェックできるということなのか」

●ぷにたろう「文字列は==で比較できるっていうことなのかな」

12.6　数と文字列の変換

●ぷにーんくん「じゃあ，数を文字列にしたいときはどうするんだろ」

●ぷにたろう「こっちの紙に，あるみたい」

数を文字列に変換してみましょう．

```
nll> A=10
nll> P.A
nll> P.TYPENAME(A)
nll> B=ITOA(A)
nll> P.B
nll> P.TYPENAME(B)
```

●ぷにたろう「まず，Aからやってみようか」

```
nll> A=10
nll> P.A
10
nll> P.TYPENAME(A)
INTEGER
```

●ぷにーんくん「まあこれは，こうなるだろうね」
●ぷにたろう「次にBをやってみよう」

```
nll> B=ITOA(A)
nll> P.B
10
nll> P.TYPENAME(B)
STRING
nll>
```

●ぷにたろう「Bは文字列になっているね」
●ぷにーんくん「ITOAっていうので，数を文字列に変換できるのか」
●ぷにたろう「そうみたいだね」
●ぷにーんくん「逆はどうなんだろ」
●ぷにたろう「文字列にするのがITOAだから，逆はATOIじゃないかな」
●ぷにーんくん「え!?　そういうもの？」
●ぷにたろう「まあ，やってみようよ」

```
nll> C=ATOI(B)
nll> P.C
10
nll> P.TYPENAME(C)
INTEGER
nll>
```

- ●ぷにーんくん「ほんとだ……」
- ●ぷにたろう「うまく戻ったみたい」
- ●ぷにーんくん「なぜATOIとわかる」
- ●ぷにたろう「TOっていうのは，だいたい変換の意味だからさ」
- ●ぷにーんくん「英語ではそうなの？」
- ●ぷにたろう「いや，プログラミングの世界ではかな」
- ●ぷにーんくん「そういうもんなのか」
- ●ぷにたろう「だからITOAときたら，その反対はまあATOIかなと」

12.7 文字列の入力

●ぷにたろう「隣の紙には，こんなのがあるよ」

```
文字列を入力してみましょう.

nll> 1 S=INPUT("? ")
nll> 2 P.S
```

- ●ぷにたろう「今度はプログラムみたいだね」
- ●ぷにーんくん「INPUTってなんだろ」
- ●ぷにたろう「まあ，実行してみようか」

```
nll> NW.
nll> 1 S=INPUT("? ")
nll> 2 P.S
nll> R.
?
```

- ●ぷにーんくん「ハテナが出たよ」
- ●ぷにたろう「なんだろこれ」
- ●ぷにーんくん「なんだろう」
- ●ぷにたろう「入力待ちかなあ」
- ●ぷにーんくん「入力待ちって？」
- ●ぷにたろう「ちょっと，入力してみようか」

ぷにたろうはハテナ記号に続けて，以下のように入力してEnterキーを押しました.

```
? ABC
ABC
nll>
```

●ぷにーんくん「あ，ABCって入れたらABCって出た」
●ぷにたろう「変数Sが"ABC"になっている，っていうことかな」
●ぷにーんくん「INPUTっていうのは，入力を待つみたい」
●ぷにたろう「入力された文字列が，変数に入るということか」

12.8　数を入力する

●ぷにたろう「これを使えば，入力された回数だけループを回せるんじゃないかな」
●ぷにーんくん「どういうこと？」
●ぷにたろう「今まで，ループを決まった回数だけ回すプログラムは書いたじゃない」
●ぷにーんくん「うん」
●ぷにたろう「そうじゃなく，実行してから回数を決められる，ということ」
●ぷにーんくん「決まった回数じゃダメなのかな」
●ぷにたろう「実行のたびに回数を決められたら便利でしょ」
●ぷにーんくん「それはそうかも」
●ぷにたろう「たとえば，1から10まで足し込むようなプログラムは，こう書けるよね」

```
nll> NW.
nll> 1 S=0
nll> 2 N=10
nll> 3 LP.M,N,1
nll> 4 S=S+M
nll> 5 LE.
nll> 6 P.S
nll> R.
55
nll>
```

●ぷにたろう「1から10まで足したら，55ということだね」
●ぷにーんくん「うん」
●ぷにたろう「でも2行目をこうすれば，10までとか100までとか自由に決めて計算できる」

```
nll> 2 2 N=INPUT("? ")
```

●ぷにたろう「実行してみよう」

```
nll> LS.
1 S=0
2 N=INPUT("? ")
3 LP.M,N,1
4 S=S+M
5 LE.
6 P.S
nll> R.
?
```

●ぷにーんくん「入力待ちになったね」
●ぷにたろう「とりあえず10までにしてみよう」

```
? 10
Invalid value type: LE.
nll>
```

●ぷにたろう「あれ，エラーになっちゃった」
●ぷにーんくん「なんでだろ」
●ぷにたろう「値の種類がおかしいって言ってるなあ」
●ぷにーんくん「英語わかるんだ」
●ぷにたろう「プログラミング的なのは，なんとなくね」
●ぷにーんくん「種類って，数じゃあないの？」
●ぷにたろう「あ，数に変換しなければいけないのかな」

そう言ってぷにたろうは，行を追加しました．

```
3 N=ATOI(N)
```

●ぷにたろう「3行目に，文字列を数に変換するのを入れてみた」
●ぷにーんくん「なんで必要なの？」
●ぷにたろう「INPUTでの入力は，文字列になるみたい」
●ぷにーんくん「うん」
●ぷにたろう「だからさっき10と入力したのは，"10"という文字列ということになる」
●ぷにーんくん「そうだね」
●ぷにたろう「なので変数Nには，"10"という文字列が格納される」
●ぷにーんくん「あー，そうか」
●ぷにたろう「だけどループ回数は数だから，数に変換する必要があるんじゃないかな」
●ぷにーんくん「プログラムを見てみてよ」

```
nll> LS.
1 S=0
2 N=INPUT("? ")
3 N=ATOI(N)
4 LP.M,N,1
5 S=S+M
6 LE.
7 P.S
nll>
```

●ぷにたろう「ATOI の変換が，3行目に入っているね」
●ぷにーんくん「実行してみようよ」

```
nll> R.
? 10
55
nll>
```

●ぷにーんくん「おー，今度はちゃんと出た！」
●ぷにたろう「うまくいったね！」
●ぷにーんくん「100まで足してみようよ」
●ぷにたろう「よしきた」

```
nll> R.
? 100
5050
nll>
```

●ぷにーんくん「これ合ってるのかな．わかんない」
●ぷにたろう「まあたぶん合っているんだろう，たぶん」
●ぷにーんくん「10000までだとどうなるかな」

```
nll> R.
? 10000
50005000
nll>
```

●ぷにーんくん「なんだか規則的な気がする」
●ぷにたろう「10000までだと，これで計算できるんじゃないかな」

```
nll> P.(10000+1)*10000/2
50005000
nll>
```

- ●ぷにたろう「うん，合ってるみたい」
- ●ぷにーんくん「なぜそれで計算できるの？」
- ●ぷにたろう「あー，うん，たとえばこういう三角形を描いてさ……」

ぷにたろうは加算の結果を求める式を，図を描いていろいろ説明しました．
ぷにーんくんは，なんとなくわかったような，わかっていないような素ぶりでした．
それでも2人は楽しそうに，算数とプログラミングの話を続けるのでした．

第13章　小数点を扱う

13.1　変数に入れる

●ぷにーんくん「そういえばさあ」

●ぷにたろう「うん」

●ぷにーんくん「小数点がついた数って，扱えるのかな」

●ぷにたろう「あ，それはできるような気がするなあ」

●ぷにーんくん「どうなんだろう」

●ぷにたろう「やってみようか」

```
nll> F=1.23
nll> P.F
1.230000
nll>
```

●ぷにーんくん「あ，できた」

●ぷにたろう「できるみたいだね」

●ぷにーんくん「まず，変数に入れることはできるってことか」

●ぷにたろう「小数の計算って，数学とかのプログラム以外ではあんまし使わないけどね」

●ぷにーんくん「そうなのか」

●ぷにたろう「あとはゲームで物理演算やってるようなやつとかかな」

●ぷにーんくん「あんまり使わないんだ」

●ぷにたろう「使わずに済ませられるものなのに，安易に使ってしまうようなのは，若干負けっていうか」

●ぷにーんくん「ふーん」

●ぷにたろう「それのためだけに実行環境も限られてくるし，ライブラリが必要になっちゃったりするしね」

●ぷにーんくん「そうなっちゃうのか」

●ぷにたろう「まあでもできないと，算数では困るからねえ」

13.2　小数の計算

●ぷにーんくん「計算はどうだろう」

●ぷにたろう「それも，やってみよう」

```
nll> F2=3.45
nll> P.F+F2
4.680000
nll>
```

●ぷにたろう「足し算もできるね」
●ぷにーんくん「かけ算とか割り算とかは？」
●ぷにたろう「ひととおりやってみようか」

```
nll> P.F-F2
-2.220000
nll> P.F*F2
4.243500
nll> P.F/F2
0.356522
nll>
```

●ぷにたろう「ひととおりできるみたいだね」

13.3 整数と小数の計算

●ぷにーんくん「これってふつうの数と小数の計算もできるのかな」
●ぷにたろう「ふつうの数っていうのは，小数点の無い，1とか2とかのことだよね」
●ぷにーんくん「そう」
●ぷにたろう「整数のことだね」
●ぷにーんくん「整数っていうのか」
●ぷにたろう「やってみよう」

```
nll> A=1
nll> P.A+F
2.230000
nll>
```

●ぷにたろう「できるみたいだね」
●ぷにーんくん「結果は小数になるのか」
●ぷにたろう「そうなるね」

13.4 整数か小数か？

●ぷにーんくん「文字列のときにさあ」

● ぷにたろう「うん」

● ぷにーんくん「なんか，数と区別するやつあったじゃない」

● ぷにたろう「TYPENAME のことかな」

● ぷにーんくん「たぶんそれ」

● ぷにたろう「小数だと，これがどうなるかっていうことかな」

● ぷにーんくん「そう」

● ぷにたろう「やってみようか」

```
nll> P.TYPENAME(F)
FLOAT
nll> P.TYPENAME(1)
INTEGER
nll> P.TYPENAME("ABC")
STRING
nll>
```

● ぷにたろう「FLOAT っていうのみたい」

13.5　整数と小数の変換

● ぷにーんくん「あとこれも，文字列のときにさあ」

● ぷにたろう「うん」

● ぷにーんくん「数との間の変換ってあったじゃない」

● ぷにたろう「あー，あったね」

● ぷにーんくん「うん」

● ぷにたろう「ITOA とか，ATOI ってやつだね」

● ぷにーんくん「たぶんそう」

● ぷにたろう「それって小数でもあるのかなってことかな」

● ぷにーんくん「そう」

● ぷにたろう「ありそうだけどね．試してみよう」

● ぷにーんくん「試せるのかな」

● ぷにたろう「整数から文字列への変換が ITOA なので，小数への変換はたぶん ITOF じゃないかな」

```
nll> P.ITOF(1)
1.000000
nll>
```

● ぷにたろう「あ，やっぱりそうだ」

● ぷにーんくん「じゃあ逆は，FTOI かな」

●ぷにたろう「たぶんそうだろうね」

```
nll> P.FTOI(1.23)
1
nll> P.FTOI(3.45678)
3
nll> P.FTOI(-1.23)
-1
nll>
```

●ぷにたろう「そうみたいだ」
●ぷにーんくん「小数点より下は，切捨てられるのかな」
●ぷにたろう「そうみたいだね」

13.6　文字列と小数の変換

●ぷにーんくん「じゃあ，文字列との変換はFTOAとATOFかな」
●ぷにたろう「そんな気がするね」

```
nll> P.FTOA(1.23)
1.230000
nll> P.ATOF("1.23")
1.230000
nll>
```

●ぷにたろう「やっぱりそうみたい……なのかな？」
●ぷにーんくん「これじゃわかんないね」
●ぷにたろう「TYPENAMEにかけてみよう」

```
nll> P.TYPENAME(FTOA(1.23))
STRING
nll> P.TYPENAME(ATOF("1.23"))
FLOAT
nll>
```

●ぷにたろう「あ，ちゃんと文字列と小数の数になってるっぽい」
●ぷにーんくん「おー，誰にも教わらずになんとなくできてしまった」
●ぷにたろう「そういえばこれ，誰にも聞いてないね」
●ぷにーんくん「推測でだいぶできることもあるってことか」
●ぷにたろう「まあ，そういうことになるのかな」

第14章　数当てゲームを作る

14.1　何か作りたい

お昼の時間になりました．
ぷにーんくんとぷにたろうが食堂に行く途中，廊下でかわいいちゃんが話しかけてきました．

●かわいいちゃん「午前は何してたの？」
●ぷにたろう「2人で文字列やってたよ」
●かわいいちゃん「そうなんだ」
●ぷにたろう「かわいいちゃんは何してたの？」
●かわいいちゃん「ゲームを作ってた」
●ぷにーんくん「いいなあ」

ぷにーんくんは，うらやましそうです．

●ぷにーんくん「ぼくも何か作りたい」
●かわいいちゃん「簡単なのなら，もう作れるんじゃない」
●ぷにたろう「まあ，そうかも」
●ぷにーんくん「どんなの？」
●かわいいちゃん「まあ定番の，数当てゲームでしょう」
●ぷにたろう「定番だね」
●ぷにーんくん「数当てゲーム？」
●かわいいちゃん「数当てゲーム」
●ぷにたろう「ループも条件分岐も使うから，ちょうどいいよ」
●ぷにーんくん「どんなゲーム？」
●かわいいちゃん「数を当てるゲーム」
●ぷにたろう「そのまんまだね」
●ぷにーんくん「数を当てるだけ？」
●ぷにたろう「まあ，そう」
●ぷにーんくん「それでもいいから作ろうよ」

ぷにたろうは，ちょっと意外でした．
それだけのゲームじゃあつまんないよと言われるかと思ったからです．

●ぷにたろう「あれ，つまんないとか言うかと思った」
●ぷにーんくん「作れるならなんでもいい」
●かわいいちゃん「でも，どんなゲームか知らないんじゃないの」
●ぷにたろう「じゃあ，昼ご飯を食べながら説明しようか」
●ぷにーんくん「教えてくれー」

3人は食堂に着きました．
人はまばらで，座る場所を探すのには困りません．
ぷにたろうとかわいいちゃんはカレー，ぷにーんくんはてんぷらそばです．
かわいいちゃんの向かいにぷにたろう，隣にぷにーんくんが座ります．

●かわいいちゃん「またカレーなんだ」
●ぷにたろう「選ぶのが面倒で」
●かわいいちゃん「ちゃんと他のものも食べなさいよ」
●ぷにたろう「かわいいちゃんだって」
●かわいいちゃん「スパイス貸してよ」
●ぷにたろう「辛めのでもいい？」
●ぷにーんくん「ぼくも使いたい」
●ぷにたろう「え，そばにかけるの!?」
●ぷにーんくん「なんとなく試してみたくて」
●かわいいちゃん「大人の食べかたね」
●ぷにたろう「そうなのか？」
●かわいいちゃん「ううん，テキトー」
●ぷにーんくん「合うと思うけどなあ」

ぷにたろうはスパイス瓶を取り出し，自分のカレーに振りかけました．
かわいいちゃんとぷにーんくんも，順番にスパイスを振りかけます．

14.2　数当てゲームのルール

●ぷにーんくん「さっき言ってたやつって何だっけ」
●ぷにたろう「何を言ってたっけ？」
●ぷにーんくん「ゲームを作るってやつ」
●ぷにたろう「あー，数当てゲームね」
●ぷにーんくん「そう，それ」
●かわいいちゃん「数を当てるの」
●ぷにたろう「まずコンピュータが，答えの数を適当に決める」
●ぷにーんくん「うん」

●ぷにたろう「でもって適当な数を入力すると，もっと大きいとか小さいすぎとか出る」
●ぷにーんくん「うんうん」

そばを食べながら聞いていたぷにーんくんが，唐突に差し込んできました．

●ぷにーんくん「そばにスパイス，失敗だったかも……」
●かわいいちゃん「まあそうかもね」
●ぷにーんくん「なんか違和感が」
●ぷにたろう「入れすぎだよ」

ぷにたろうが，話を切り戻します．

●ぷにたろう「で，それを繰り返して答えの数がわかれば勝ち」
●ぷにーんくん「勝ちって，何に？」
●ぷにたろう「うーん，これ何に勝ってるんだろう……」
●かわいいちゃん「コンピュータに，でいいんじゃない？」
●ぷにーんくん「当たるまで繰り返すんだよね」
●ぷにたろう「まあ，そうかな」
●ぷにーんくん「じゃあ，必ずいつか勝つんじゃないの？」
●ぷにたろう「う，まあ，そう」
●かわいいちゃん「まあそれだと，負けること無いよね」
●ぷにたろう「回数を決めればいいよ」
●ぷにーんくん「なるほど」
●ぷにたろう「もしくは対戦で，回数少ないほうが勝ちとか」
●かわいいちゃん「まあ，作ってみてから考えればいいんじゃない？」
●ぷにーんくん「そうだねえ」
●ぷにたろう「そういえばさ」

ぷにたろうがかわいいちゃんのほうを向いて，聞きました．

●ぷにたろう「かわいいちゃんって，ペアのパートナーはいるの？」
●かわいいちゃん「いるよ」
●ぷにーんくん「パートナーって？」
●ぷにたろう「この学校は，友達どうしでペアでやらないといけない決まりなんだよ」
●ぷにーんくん「え，そうなの？」
●ぷにたろう「最初に言ったじゃん」
●かわいいちゃん「あんたたち，ペアでしょ」
●ぷにたろう「そうだよ．それで友達になったんじゃん」

●ぷにーんくん「そうだったっけか……」
●かわいいちゃん「決まりがあるからしょうがなく，友達になったのね」
●ぷにーんくん「しょうがなくか……」
●ぷにたろう「いやでも，友達になってよかったでしょ」

ぷにたろうは笑ってごまかしました.

●ぷにたろう「いろいろ教えてもらえるし」
●ぷにーんくん「まあ，そうではある」
●かわいいちゃん「あ，めちゃかわちゃんがいた」
●ぷにたろう「誰？」
●かわいいちゃん「あたしのパートナー．おーいめちゃかわちゃんー！」

きのこそばを持ってうろうろしていた女の子が，こちらに気が付きました.

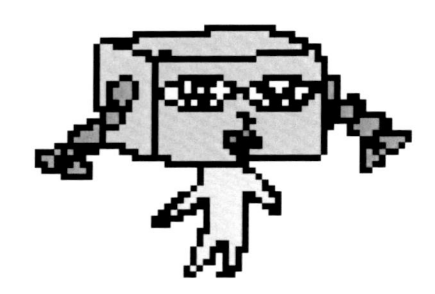

●かわいいちゃん「こっちにおいでよ」
●めちゃかわちゃん「ああいた……，先に行くなら行くって言ってよね」
●かわいいちゃん「ごめんごめん．なんか流れでこうなっちゃって」
●めちゃかわちゃん「まあ，いいけど」

めちゃかわちゃんと呼ばれた女の子は，ぷにたろうの隣に座りました.

14.3　めちゃかわちゃん

●めちゃかわちゃん「隣，座っていい？」
●ぷにたろう「いいよ」
●めちゃかわちゃん「探しちゃったよ，もう」

●ぷにたろう「かわいいちゃんにいろいろ聞きたくて，つきあってもらってたんだよ」
●めちゃかわちゃん「そうなんだ」
●かわいいちゃん「この子はめちゃかわちゃんだよ．こっちはぷにたろう」
●ぷにたろう「よろしく」
●めちゃかわちゃん「よろしくね」
●かわいいちゃん「そっちの変なのが，ぷにーんくん」
●ぷにーんくん「ぷにーんくんだよ」
●めちゃかわちゃん「よろしくね」
●ぷにたろう「なんつー紹介のしかた……」
●ぷにーんくん「スパイス瓶あるけど使う？」
●ぷにたろう「うわっそばには失敗って言ってたのに」
●めちゃかわちゃん「ありがと．でもいいや」
●ぷにたろう「初対面でいきなりそれすすめるかなあ」

ぷにたろうはめちゃかわちゃんに，数当てゲームのことを説明しました．

●めちゃかわちゃん「NLLは，始めたばかりなんだ」
●ぷにーんくん「うん」
●ぷにたろう「条件分岐とループは，書けるよ」
●めちゃかわちゃん「じゃあ数当てゲームはちょうどいいね」
●ぷにたろう「でも，単純すぎてつまんなくないかな」
●めちゃかわちゃん「そうかなあ」
●かわいいちゃん「まあ，ゲームとしてはね」
●ぷにーんくん「ゲームがやりたいとかじゃなくて」

ちょっと考えてから，ぷにーんくんが言いました．

●ぷにーんくん「何か作りたいだけ」
●ぷにたろう「そうなのか」
●かわいいちゃん「まあ，そんな気はするけど」
●ぷにーんくん「だから，作れるならなんでもいい」
●めちゃかわちゃん「午後に作ってみましょうよ」
●ぷにたろう「一緒にやってくれる？」
●めちゃかわちゃん「いいよ」
●かわいいちゃん「私も，いいよ」
●めちゃかわちゃん「面白そうだし」
●ぷにたろう「ありがとう」
●ぷにーんくん「やったあ」

●ぷにたろう「どこでやろうか」
●かわいいちゃん「ここがいいんじゃない？」
●ぷにたろう「ええまた食堂で……．それってアリなの？」
●かわいいちゃん「たぶん，アリ」
●めちゃかわちゃん「ナシではないかなあ」
●ぷにたろう「授業時間だけど，いいのかなあ」
●かわいいちゃん「そんなのこの学校には無いじゃない」
●ぷにたろう「まあ，そうだけど」
●めちゃかわちゃん「すいてるならいいんじゃない？」
●ぷにたろう「食堂でやるの，好きだねえ」
●かわいいちゃん「お茶とか飲みながらできるからね」

食堂には，紅茶や日本茶，コーヒーといったサービスがあるのです．
クッキーやチョコレートといった，ちょっとしたおやつもあるようです．

●かわいいちゃん「ここの食堂，お茶とか自由だしさ」
●めちゃかわちゃん「お茶を飲みながらやるのは賛成」
●ぷにーんくん「ぼくもそれがいい」
●めちゃかわちゃん「優雅だし」
●かわいいちゃん「甘いものもあるしね」
●ぷにたろう「ええーっ，何か食べながらPCいじるの？」

ぷにたろうには，PCをいじるときに何か食べるような習慣は無いようです．

●かわいいちゃん「頭を使うときは，甘いものは重要だよ」

14.4　早く作りたい？

●ぷにーんくん「ここでやろうよう」
●ぷにたろう「まあ，いいならいいけど」
●かわいいちゃん「食べたら荷物取ってきたいな」
●めちゃかわちゃん「私も」
●ぷにたろう「じゃあ，食べたら荷物取りにいってここに集合しようか」

そして4人はごはんを食べると，また集まる約束をして，一度教室に戻っていきました．

●ぷにーんくん「ぼく，先に行ってるね」

文字列の教室でぷにたろうが荷物をまとめていると，ぷにーんくんが言い出しました．

●ぷにたろう「そんなに急がなくても」
●ぷにーんくん「なんか早く，作ってみたくて」
●ぷにたろう「でも，ぼくが行かないとPC無いじゃん」
●ぷにーんくん「まあそうなんだけど」

ぷにーんくんは，当然であるかのように言い切りました．

●ぷにーんくん「早く行きたくて」
●ぷにたろう「まあいいけど．後から行くよ」
●ぷにーんくん「先に行ってるね」

ぷにーんくんはそそくさと出て行きました．
よっぽど早く作りたいのかなあ．よくわからん．
これはぷにーんくんの性格なのか，それともプログラマの特徴なのか，ぷにたろうは不思議に思いました．

ぷにたろうが食堂に戻ると，すでに3人が集まっていました．
人数ぶんのお茶とたくさんのおかしをテーブルに並べています．

●ぷにたろう「先に行ったのはこれのためか……」
●ぷにーんくん「おかし選びたいじゃん」
●めちゃかわちゃん「ぷにたろうのお茶も入れといたよ」
●ぷにたろう「ありがと」
●めちゃかわちゃん「紅茶でよかった？」
●ぷにたろう「うん」
●ぷにーんくん「ぷにたろうのおかしも持ってきておいたよ」
●ぷにたろう「大量だなあ」

これを食べながら自分のPCをいじるのか，とぷにたろうは思いました．

●ぷにたろう「げ，ポテチ」
●ぷにーんくん「うん」
●ぷにたろう「手，拭いてよ！」
●ぷにーんくん「のり塩でよかった？」
●ぷにたろう「そうじゃなく食べたら手を拭いて！」
●ぷにーんくん「はーい」

●ぷにたろう「全然聞いてなさそう……」
●ぷにーんくん「まあまあさっそく始めようよ」

ぷにたろうはPCの電源を入れて，NLLを起動しました．

●ぷにたろう「さて，どんなふうに書けばいいかな」

14.5　乱数を使う

●ぷにーんくん「まずは答えの数を，適当に決めるとこだよね」
●ぷにたろう「乱数を使えばいいかな」
●ぷにーんくん「乱数って何？」
●ぷにたろう「まさに，適当な数をランダムで出すこと」
●かわいいちゃん「RANDで出せるよ」

かわいいちゃんが教えてくれました．

●ぷにーんくん「RANDって何だったっけ？」
●ぷにたろう「ここまでで何度も使っているじゃん」
●かわいいちゃん「カッコの中に書いた数までの乱数になるよ」
●ぷにたろう「こんな感じかな」

```
nll> P.RAND(6)
3
nll>
```

●ぷにーんくん「あ，数が出た」
●ぷにたろう「繰り返してみよう」

```
nll> P.RAND(6)
1
nll> P.RAND(6)
1
nll> P.RAND(6)
5
nll> P.RAND(6)
5
nll> P.RAND(6)
4
```

```
nll> P.RAND(6)
4
nll> P.RAND(6)
0
nll> P.RAND(6)
5
nll> P.RAND(6)
0
nll> P.RAND(6)
1
nll>
```

- ●ぷにたろう「10回やってみた」
- ●ぷにーんくん「やるたびに，違う数になるのか」
- ●ぷにたろう「RAND(6) とすると，0から5までの乱数になるみたいだね」
- ●ぷにーんくん「じゃあ，それを変数に入れればいいね」
- ●ぷにたろう「ひとまず，1から10までの数にするならこうかな」

```
nll> P.RAND(10)+1
4
nll> P.RAND(10)+1
5
nll> P.RAND(10)+1
9
nll> P.RAND(10)+1
10
nll> P.RAND(10)+1
4
nll>
```

- ●ぷにたろう「10が出ているので，よさそう」
- ●かわいいちゃん「よさそうね」
- ●ぷにーんくん「+1 しているのは？」
- ●ぷにたろう「RAND(10) だと0から9までの数になるから，+1すると1から10までになる」
- ●ぷにーんくん「0から9でいいんじゃない？」
- ●めちゃかわちゃん「なんてプログラマ的発想……」
- ●ぷにたろう「まあいいでしょ，1から10ってことで」
- ●ぷにーんくん「まあいいとは思うけど」
- ●ぷにたろう「これを変数に入れればいいね」
- ●ぷにーんくん「ぼくが作りたい」

●ぷにたろう「あ，じゃあ任せた」
●ぷにーんくん「変数Aに入れてみるかな」

```
nll> 1 A=RAND(10)+1
nll>
```

●ぷにーんくん「おおっ1行目ができた……」
●ぷにたろう「これで変数Aに，適当な数が入るね」

14.6　入力と比較する

●ぷにーんくん「次は2行目かな」
●かわいいちゃん「とりあえず，数を入力してもらえば？」
●ぷにたろう「たしかINPUTっていうので，キーボードから入力できたよね」
●ぷにーんくん「こんな感じかな」

```
nll> 2 N=INPUT("? ")
nll>
```

●ぷにたろう「たしかそんな感じ」
●ぷにーんくん「あとは，当たったらOKとでも出そう」

```
nll> 3 (A==N):P."OK!"
nll>
```

●ぷにーんくん「大きいとか小さいとかも出してみるかな」
●ぷにたろう「どんどんいくね」

```
nll> 4 (A<N):P."-"
nll> 5 (A>N):P."+"
nll>
```

●ぷにーんくん「もっと小さい数ってときは-を出して，逆は+にしてみた」
●めちゃかわちゃん「-とか+しか出さないんだ」
●ぷにーんくん「とりあえずは，そんなんでいいかなと」
●ぷにたろう「テキトーだなあ」
●ぷにーんくん「全体を見てみよう」

```
nll> LS.
1 A=RAND(10)+1
2 N=INPUT("? ")
3 (A==N):P."OK!"
4 (A<N):P."-"
5 (A>N):P."+"
nll>
```

●ぷにたろう「どうだろう」
●ぷにーんくん「まずは実行してみよう」

```
nll> R.
?
```

●ぷにたろう「数を聞いてきたね」
●ぷにーんくん「10とか入れてみよう」
●ぷにたろう「ああっポテチ食べながらPCに触るんじゃない！」
●ぷにーんくん「ええーっ，いいじゃん」
●かわいいちゃん「ベタベタだ……」
●めちゃかわちゃん「いやー，ぷにたろうの気持ちはわかるなあ」
●かわいいちゃん「私のPCじゃないからいいけど」
●ぷにたろう「手，拭いて！」
●ぷにーんくん「じゃあ，10ね」

```
? 10
Invalid value type: (A==N):P."OK!"
nll>
```

●ぷにーんくん「あれ，エラーだ」
●ぷにたろう「なんだろう」
●ぷにーんくん「これ前にも見たような」
●めちゃかわちゃん「型がおかしいって言ってるよ」
●ぷにたろう「あー，文字列を数値にしなけりゃならないのか」
●ぷにーんくん「そういえばそういうのがあったような」
●ぷにたろう「ATOIだったかな．INPUTの後に入れてみよう」
●ぷにーんくん「3行目だね」

```
nll> 3 N=ATOI(N)
nll>
```

●ぷにーんくん「こんな感じかな」

●ぷにたろう「全体を見たい」

```
nll> LS.
1 A=RAND(10)+1
2 N=INPUT("? ")
3 N=ATOI(N)
4 (A==N):P."OK!"
5 (A<N):P."-"
6 (A>N):P."+"
nll>
```

●ぷにーんくん「入った」

●ぷにたろう「もう一度やってみようよ」

```
nll> R.
? 10
-
nll>
```

●ぷにーんくん「お，マイナスが出た」

14.7　比較を繰り返す

●ぷにたろう「でも，終わっちゃってるね」

●かわいいちゃん「繰り返さなきゃいけないんじゃない？」

●ぷにーんくん「先頭にラベル入れて，そこに戻すかな」

```
nll> 2 .L
nll> LS.
1 A=RAND(10)+1
2 .L
3 N=INPUT("? ")
4 N=ATOI(N)
5 (A==N):P."OK!"
6 (A<N):P."-"
7 (A>N):P."+"
nll>
```

●ぷにーんくん「まず，ラベルを入れてみた」

●ぷにたろう「入ってるね」

●ぷにーんくん「G.でジャンプするようにしよう」

```
nll> 8 G.L
nll> LS.
1 A=RAND(10)+1
2 .L
3 N=INPUT("? ")
4 N=ATOI(N)
5 (A==N):P."OK!"
6 (A<N):P."-"
7 (A>N):P."+"
8 G.L
nll>
```

●ぷにーんくん「これでどうだろう」
●ぷにたろう「動かしてみようよ」

```
nll> R.
? 10
OK!
?
```

●ぷにーんくん「あ，いきなり当たっちゃった！」
●ぷにたろう「なんて強運……」
●めちゃかわちゃん「でもこれ，当たってもずっと終わらないね」

14.8　当たるまで繰り返す

●ぷにたろう「当たったら終わるようにしようよ」
●ぷにーんくん「ひとまずCtrl＋Cで止めようか」

```
? ^C
Break at: N=ATOI(N)
nll>
```

●ぷにーんくん「当たったら終わるようにするか」
●ぷにたろう「ああっぷにーんくん！　手！　ポテチ！」
●ぷにーんくん「あ，ついつい」
●めちゃかわちゃん「またベタベタに……」
●ぷにたろう「よりによってのり塩か……」

●ぷにーんくん「のり塩がきらいだったとは」

●ぷにたろう「嫌いとかじゃなく，キーにのりがついてるんだけど……」

●かわいいちゃん「たしかコンソメもあったよ」

●ぷにーんくん「のり塩しか持ってこなくて，ごめんよう」

●ぷにたろう「謝るポイントがズレているような……」

```
nll> 5 5 (A==N):G.E
nll> 9 .E
nll> 10 P."OK!"
nll>
```

●ぷにーんくん「こんな感じで.Eのところに飛ばしてみた」

●めちゃかわちゃん「５５ってなんだっけ？」

●ぷにーんくん「5行目を置き換える，っていう意味」

●めちゃかわちゃん「そんなのがあるのか……」

●ぷにたろう「これ知らないと不便じゃない？」

●めちゃかわちゃん「私，いつもテキストエディタでやっているから」

●ぷにーんくん「全体を見てみようよ」

```
nll> LS.
1 A=RAND(10)+1
2 .L
3 N=INPUT("? ")
4 N=ATOI(N)
5 (A==N):G.E
6 (A<N):P."-"
7 (A>N):P."+"
8 G.L
9 .E
10 P."OK!"
nll>
```

●ぷにーんくん「こんな感じ」

●ぷにたろう「やってみようか」

```
nll> R.
? 10
OK!
nll>
```

●ぷにーんくん「あ，またいきなり正解」
●ぷにたろう「この強運はどこから……」
●かわいいちゃん「でもひとまず，当たったら終わっているのでいいんじゃない？」
●ぷにーんくん「もう一度やってみよう」

```
nll> R.
? 10
-
?
```

●ぷにーんくん「もっと小さい数だって」
●ぷにたろう「5とかにしてみたら」

```
? 5
+
?
```

●ぷにーんくん「こんどはもっと大きい数」
●ぷにたろう「じゃ，7」

```
? 7
+
?
```

●ぷにーんくん「もっと大きい数！」
●ぷにたろう「8とか9とか」

```
? 8
OK!
nll>
```

●ぷにーんくん「おお，当たった！」
●かわいいちゃん「当たったねー」
●ぷにーんくん「ゲームっぽい！」
●ぷにたろう「はい，手を拭く！」

数当てゲームを作った4人は，何度も繰り返し，遊びました．
遊んで，改造して，また遊びました．
夕方，寮に帰るときも，4人でいっしょに帰りました．

●ぷにーんくん「今日はいっぱい遊べてよかったー」

●めちゃかわちゃん「遊んだよねえ」

●かわいいちゃん「改造もいっぱいしたし」

●ぷにーんくん「楽しかった」

●ぷにたろう「楽しかったね」

●ぷにーんくん「おやつ食べながらできたのが，よかった」

●ぷにたろう「ぷにーんくんはしばらくポテチ禁止ね」

●ぷにーんくん「そんなごむたいな……」

●かわいいちゃん「自業自得だから，しょうがないねー」

●ぷにたろう「でも，よく飽きなかったよねえ」

●ぷにーんくん「ポテチ好きだからね」

●ぷにたろう「そうじゃなくて数当てゲームのほうだよ」

●かわいいちゃん「自分で作ったゲームだしね」

●めちゃかわちゃん「わかるなあ」

●ぷにたろう「そういうもんなのかな」

ゲームも，こういうふうにみんなで改造しながらやるのもいいなあ，そんなふうに思うぷにたろうでした．

第15章　配列を使う

15.1　また何か，作りたい

●ぷにーんくん「数当てゲームは」

寮の自室につくと，ぷにーんくんは唐突に言い始めました．

●ぷにーんくん「楽しかった」
●ぷにたろう「単純なゲームなんだけどね」
●ぷにーんくん「やってて全然，飽きなかった」

ぷにーんくんは嬉しかったようで，珍しくよく喋ります．

●ぷにーんくん「自分で作ったゲームだからかな」
●ぷにたろう「かわいいちゃんも，そんなことを言ってたね」
●ぷにーんくん「自分で作ったゲームだと，何度やっても飽きないもんだなあ」
●ぷにたろう「うん」

ぷにたろうも，あんな単純なゲームが飽きずにずっとできることを不思議に思っていたのです．

●ぷにーんくん「改造も自由だし」
●ぷにたろう「そこはぼくも，そう思った」

15.2　もっと必要なこと

●ぷにーんくん「またあんなふうに，何か作りたいな」
●ぷにたろう「そうだね」
●ぷにーんくん「何を覚えれば，もっといろいろ作れるんだろう」
●ぷにたろう「ゲームがいいのかな」
●ぷにーんくん「別にゲームじゃなくてもいいな」
●ぷにたろう「やっぱりグラフィックとかじゃないの？」

グラフィックがやりたいと言っていたのを思い出して，ぷにたろうは言いました．

●ぷにーんくん「うーん……，そういう後でやればいいようなのじゃなくて」

●ぷにたろう「うん？」
●ぷにーんくん「なんというか，それ絶対必要でしょ！　っていうような」

この前はグラフィックがやりたいって言っていたのに，数当てゲームを作って考えが変わったのかな？　ぷにたろうは，思いました.

●ぷにたろう「後で追加で覚えればいいようなものじゃなくて，基礎的なものでってことかな」
●ぷにーんくん「そうそう，そんな感じ」
●ぷにたろう「うーん，何が必要なんだろう……」
●ぷにーんくん「先生に聞いてみたい」
●ぷにたろう「まるい先生ね」
●ぷにーんくん「そう」
●ぷにたろう「珍しいねえ」
●ぷにーんくん「そう？」
●ぷにたろう「なんだか今日は，積極的だよ」
●ぷにーんくん「そうかな．いつもこうだよ」
●ぷにたろう「さっき先生見たけど」

ぷにたろうは，廊下でまるい先生を見かけたことを思い出しました.

●ぷにたろう「リビングに入っていくところだった」
●ぷにーんくん「ああじゃあ，リビングに行ってみようよ」
●ぷにたろう「夕ごはんまでは間があるかな」

ぷにたろうは壁の時計を見て言いました.
夕食まで，ちょっと質問するくらいの時間はありそうです.

●ぷにたろう「じゃあ，リビングに行ってみようか」
●ぷにーんくん「行こう行こう」

15.3　しかくい先生

●ぷにーんくん「いないね」
●ぷにたろう「いないね」

リビングに入った2人は，そろって言いました.

●ぷにーんくん「残念」

- ●ぷにたろう「さっき，見たんだけどなあ」
- ●ぷにーんくん「うーん，残念」
- ●ぷにたろう「まあ，しょうがない」
- ●ぷにーんくん「へんに時間が空いちゃったなあ」
- ●ぷにたろう「別のことでもやろうか？」
- ●しかくい先生「ねえあなたたち」

2人は後ろから唐突に話しかけられて，びっくりして振り向きました．
後ろには，ジャージを着た若い女の人が立っています．
この人も先生なのかな．ぷにたろうは思いました．

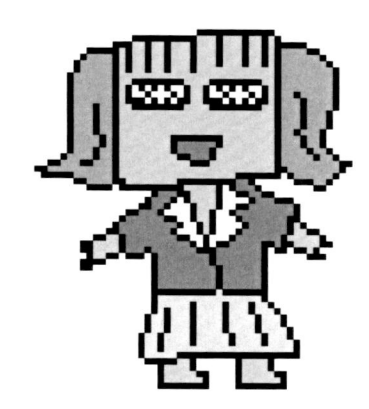

- ●しかくい先生「誰か探しているの？」
- ●ぷにたろう「あ，はい」
- ●ぷにーんくん「先生を」
- ●ぷにたろう「まるい先生を探してます」

先生だけじゃわからないだろうと，ぷにたろうがとっさにフォローします．

- ●しかくい先生「あー，……どっかにいっちゃったかな」
- ●ぷにたろう「そうですか」
- ●ぷにーんくん「残念」
- ●しかくい先生「まるい先生，ひょうひょうとしてるからねえ」
- ●ぷにたろう「そうなんですか」
- ●ぷにーんくん「なんだかわかる気がする」
- ●しかくい先生「なにか聞きたいことがあるのかな」

その女の人は，ニコニコと笑いながら言いました．

●しかくい先生「私でよければ聞いてあげるけど」

●ぷにーんくん「あ，お願いします」

●ぷにたろう「先生ですか？」

●しかくい先生「私はしかくい先生です．あなたたちはぷにたろうとぷにーんくんかな」

●ぷにたろう「そうです」

●ぷにーんくん「そう」

●しかくい先生「まるい先生から聞いています．よろしくねー」

15.4　データ構造

●しかくい先生「まあ，座りましょ」

3人は，入口近くのテーブルの周りに腰かけました．

●しかくい先生「で，何か困ってたりするの？」

●ぷにーんくん「困ってはいないです」

●ぷにたろう「まあ，困っているわけではないです」

●ぷにーんくん「えっと今日は数当てゲームっていうのを作って，それが面白かったです」

●しかくい先生「それはよかった！」

●ぷにーんくん「で，何が必要かっていう話になって」

●しかくい先生「？？？」

●ぷにたろう「ええと，まずぼくらはNLLをやっています」

●しかくい先生「うん．そうみたいだね」

●ぷにたろう「で，もっといろいろ作るには何を勉強すればいいか，っていうことです」

●ぷにーんくん「そうです．その通り」

●しかくい先生「ああ，なるほどね」

●ぷにーんくん「絶対必要でしょ！　っていうような」

●しかくい先生「？？？」

●ぷにたろう「後で追加で覚えればいいようなものじゃなくて，基礎的なものっていうことのようです」

●ぷにーんくん「そうです．そんな感じ」

●しかくい先生「ああ，なるほどね」

●ぷにたろう「で，まるい先生に聞いてみようと話していたんです」

●しかくい先生「あなたたち，ループと条件分岐は書けるよね」

突然言われて，ぷにーんくんとぷにたろうは面くらいました．

●ぷにーんくん「なぜわかる⁉」

●しかくい先生「まあ，先生っていうのはなんとなくわかるもんよ」

●ぷにたろう「どこからわかるんですか!?」

●しかくい先生「話しかたとか雰囲気とか，からかな」

●ぷにたろう「ここにもエスパーが……」

●ぷにーんくん「先生ってすごい……」

●しかくい先生「ループと条件分岐は覚えたので，簡単な制御構造なら書けるってことだよね」

●ぷにたろう「はい，たぶんそうなると思います」

●しかくい先生「文字列も，知っていそうだね」

●ぷにーんくん「なぜわかるのかはわからないですが，そう」

●しかくい先生「だとすると，配列かなあ」

●ぷにたろう「配列ですか」

●ぷにーんくん「配列って何？」

●ぷにたろう「なぜ配列なんですか」

●しかくい先生「制御構造が書けるということは，アルゴリズムは書けるということだよね」

●ぷにたろう「そうですね，多分」

●しかくい先生「だとすると次は，データ構造を知ることが必要」

●ぷにたろう「なるほど」

●しかくい先生「で，それで一番簡単なのが配列だからだね」

フィーリングに頼るのでなく意外にちゃんとした説明だな，とぷにたろうは思いました．

●ぷにたろう「NLLでは，どんなデータ構造が作れるんですか」

●しかくい先生「リンクリストとか2分樹とかも，やりようでは作れるよ」

●ぷにーんくん「ぜんぜんわかんないー」

●ぷにたろう「そうなんですか」

●しかくい先生「まあ配列を覚えればたいていのことはできるから，配列がいいと思うよ」

●ぷにたろう「まあ，配列やるのがいいのかな」

●ぷにーんくん「よくわからないけど，よくわかりました」

●しかくい先生「今，教えてあげようか？」

●ぷにーんくん「お願いします！」

●しかくい先生「おおっ気持ちいい答えするねえ．じゃあっち行こうか」

しかくい先生は，奥のPC机を指さしました．

15.5　配列を作る

机に備え付けのPCの電源を入れながら，しかくい先生は言いました．

●しかくい先生「NLLでは，D.っていう命令で配列が作れるよ」
●ぷにたろう「D.ですか」
●しかくい先生「やってごらん」
●ぷにたろう「D.で，えーっと……」
●しかくい先生「D.の後に配列名，そして配列の数だね」
●ぷにたろう「こうかなあ」

```
nll> D.A,10
nll>
```

●しかくい先生「そう．それで合ってる」
●ぷにたろう「これで，配列が使えるんですか？」
●しかくい先生「そう．A[0]からA[9]までが使えるね」

ぷにたろうは試しに，このようなことをしてみました．

```
nll> A[0]=1
nll>
```

●ぷにたろう「こんな感じでしょうか」
●しかくい先生「いいね．これでA[0]に1が入った」
●ぷにーんくん「このカッコは何？」
●ぷにたろう「A[0]って書くと，A[0]っていう変数として扱われるってことみたい」
●しかくい先生「そうだね．A[1]とかも使ってみて」

```
nll> A[1]=2
nll> A[2]=3
nll>
```

●ぷにたろう「こんな感じでしょうか」
●しかくい先生「そう．いいじゃん」
●ぷにたろう「表示もできるのかな」

```
nll> P.A[0]
1
nll>
```

●ぷにたろう「できた」
●しかくい先生「いいじゃん」

```
nll> P.A[1]
2
nll> P.A[2]
3
nll>
```

●ぷにたろう「A[1]とA[2]もできました」

15.6　配列の便利なところ

●ぷにーんくん「えーっと，これってA[0]とかA[1]とかっていう変数が使えてる，っていうこと
　　だよね？」
●ぷにたろう「そう」
●ぷにーんくん「これの何が嬉しいの？　A0とかA1っていう変数使えばいいだけなんじゃ」
●ぷにたろう「配列だと，カッコの中の番号指定で変数が変わるね」
●ぷにーんくん「？？」
●ぷにたろう「そこが便利」
●しかくい先生「ループ回して表示すると，わかるよ」
●ぷにーんくん「どういうことだろう」
●しかくい先生「ぷにたろう，Nでループ回してA[N]を表示してみて」

しかくい先生は，キーボードはなるべく生徒自身に操作させる方針のようです．
ぷにたろうは，こんな感じかなと書いてみました．

```
nll> 1 LP.N,3
nll> 2 P.A[N]
nll> 3 LE.
nll>
```

●ぷにたろう「こんな感じでしょうか」
●しかくい先生「まあ表示自体はそれでいいね．実行してみて」

```
nll> R.
Invalid value type: P.A[N]
nll>
```

●ぷにたろう「あれ，エラーになっちゃいました」
●しかくい先生「R.で実行開始すると，配列もクリアされちゃうからだね」
●ぷにたろう「じゃあ，配列作るのを最初にすればいいのかな」

●しかくい先生「そう．D.と配列への代入を最初に入れてみて」

```
nll> 1 D.A,10
nll> 2 A[0]=1
nll> 3 A[1]=2
nll> 4 A[2]=3
nll> LS.
1 D.A,10
2 A[0]=1
3 A[1]=2
4 A[2]=3
5 LP.N,3
6 P.A[N]
7 LE.
nll>
```

●ぷにたろう「こんな感じですか」
●しかくい先生「いいみたい．実行してみて」

```
nll> R.
1
2
3
nll>
```

●ぷにたろう「こんどはちゃんと表示されました」
●しかくい先生「いいみたいだね」
●ぷにーんくん「まだわかんない．ANって書くのじゃダメなの？」
●しかくい先生「ANって書いたら，それはANっていう名前の変数になるね」
●ぷにーんくん「ああ，そうなのか」
●しかくい先生「Nの値によってA0とかA1になるわけじゃない」
●ぷにーんくん「うん」
●しかくい先生「だけどA[N]とすれば，Nの値によってA[0]とかA[1]っていう別の変数になるってこと」
●ぷにーんくん「なんか，わかりました」
●しかくい先生「つまり配列を使うことで，ループを回して各変数を読み書きするようなことができるってこと」
●ぷにーんくん「どういうときに使えるだろう」
●しかくい先生「例えばゲームなら，複数いるキャラクタを動かしたいとか」
●ぷにーんくん「ああ，なるほど」

●しかくい先生「そういうのを，ループ回して配列の変数を読み書きすることでできるね」

15.7　配列の要素数

●ぷにーんくん「これは，A[100]とかA[10000]とかも使えるの？」
●しかくい先生「使えないね．D.で指定した数まで．要素数とか言うね」
●ぷにたろう「さっきはD.A,10ってしてました」
●しかくい先生「じゃあ，配列Aの要素数は10，っていうことになる」
●ぷにーんくん「だとすると，A[10]まで使えるっていうこと？」
●しかくい先生「それがそうではないんだよね」

しかくい先生は，当り前のことのように言い切りました．

●しかくい先生「0から数えて10個なのでA[0]からA[9]まで使えて，それで10個っていうことになる」
●ぷにーんくん「えーっと，それで10個なのかな」
●しかくい先生「ゼロからだと，0，1，2，3，4，5，6，7，8，9，で10個だね」
●ぷにたろう「やってみよう」

```
nll> A[9]=10
nll> A[10]=11
Out of array range: A[10]=11
nll>
```

●ぷにたろう「ほんとだ．A[10]に入れようとしたらエラーになった」
●ぷにーんくん「ふんふん」
●ぷにたろう「なんかそれは，わかりにくいよねえ」
●ぷにーんくん「そうかなあ．わかりやすいけど」
●ぷにたろう「ええーっ，そうかなあ」
●しかくい先生「慣れるとこっちのほうがわかりやすくなるから，大丈夫」
●ぷにたろう「そんなもんですか」
●しかくい先生「まあなんでもゼロから数えるっていうポリシーにしちゃえば，むしろわかりやすいもんよ」
●ぷにたろう「ポリシーが決まったほうが，わかりやすいってことでしょうか」
●しかくい先生「そうね」
●ぷにたろう「それはなんか，わかるかも」
●しかくい先生「重要なことは，ポリシー決めてそれで統一して書くことなの」

15.8　2次元配列

●しかくい先生「まあ配列っていうのはもっとも原始的なデータ構造だし，不向きな場合もあるけど，まずは基本だね」
●ぷにたろう「まだまだ不十分っていうことですよね」
●しかくい先生「まあ，まずは基本というのはあるけどね」

ぷにたろうは1つ1つ積み重ねていくことが好きなので，不十分と思うことも存外に好きなようです．しかくい先生も，そうしたぷにたろうの気持ちがなんとなくわかるようです．

●しかくい先生「でも，これ知っていればかなりのプログラムは書けるよ」
●ぷにーんくん「それは魅力だなあ」
●しかくい先生「書き方をあんまり気にしなければ，だけど」
●ぷにたろう「ああ，なるほど」
●ぷにーんくん「それでも魅力」
●ぷにたろう「配列は，これだけ知っていれば大丈夫ですか」
●しかくい先生「うーん……，まあ大丈夫だけど，2次元配列は知っててもいいかなあ」
●ぷにーんくん「2次元配列って？」
●しかくい先生「D.でカンマ区切りでさらに数を追加すると，2次元になるよ」
●ぷにたろう「こんな感じですか？」

```
nll> D.B,3,5
nll>
```

●しかくい先生「そう」
●ぷにーんくん「これはどういうこと？」
●しかくい先生「こうすると，B[0][0]みたいな変数が使える」
●ぷにーんくん「うん」
●しかくい先生「でもって，B[0][0]からB[0][4]まで使える」
●ぷにーんくん「はい」
●しかくい先生「次に，B[1][0]からB[1][4]までも使える」
●ぷにーんくん「うーん」
●しかくい先生「おんなじようにして，B[2][0]からB[2][4]までも使える」
●ぷにーんくん「うーんうーん」
●しかくい先生「つまり，3×5で15個の変数が使える，ということになるね」
●ぷにたろう「ええと，こういうことですよね？」

```
nll> NW.
nll> 1 D.B,3,5
nll> 2 LP.N,3
nll> 3 LP.M,5
nll> 4 B[N][M]=N+M
nll> 5 LE.
nll> 6 LE.
nll>
```

- ●しかくい先生「そうだね．こんな感じの配列Bを，2次元配列っていうね」
- ●ぷにーんくん「3次元とかもあるんですか」
- ●しかくい先生「D.で数を3つ指定すれば，3次元になるよ」
- ●ぷにーんくん「これ，便利なのかなあ」
- ●ぷにたろう「使いたいときはありそうだけど」
- ●しかくい先生「まあ実は2次元配列は，普通の配列でも代用できるから必須ではないけど，まあ知っててもいいかな」
- ●ぷにたろう「代用できるんですか？」
- ●しかくい先生「例えばさっきのは，普通の配列でN*5+Mみたいにしても代用できるよね」
- ●ぷにたろう「あ，わかりました．こんな感じですか？」

```
nll> NW.
nll> 1 D.B,15
nll> 2 LP.N,3
nll> 3 LP.M,5
nll> 4 B[N*5+M]=N+M
nll> 5 LE.
nll> 6 LE.
nll>
```

- ●しかくい先生「そうだね」
- ●ぷにたろう「確かに，代用できますね」
- ●しかくい先生「だから2次元配列とかは，まあよくわからなければ頑張って覚えなくてもいいかな，くらいかなあ」
- ●ぷにーんくん「先生なのに身も蓋も無い……」

これで，本当にだいたいのプログラムは書けるようになるのかな．
ぷにたろうは半信半疑でしたが，ぷにーんくんは嬉しいようです．
その後2人は，しかくい先生にお礼を言って部屋に戻りました．
食堂では，明日はどんなプログラムを書こうか，夕食を食べたあともずっと2人で話していました．

第16章　もっと算数の問題を解く

16.1　算数はプログラミング入門向き？

今日も，NLL学校です．

ぷにーんくんとぷにたろうが食堂でお昼ごはんを食べていると，かわいいちゃんとめちゃかわちゃんが隣に座ってきました．

- ●かわいいちゃん「やっほー」
- ●ぷにーんくん「あ，うるさいのが来た」
- ●かわいいちゃん「失礼な！」
- ●ぷにーんくん「見つかってしまったか」

言いつつもぷにーんくんは，NLL学校のこうした生活がなんだか楽しそうです．

- ●かわいいちゃん「だってあんたたち目立つよ」
- ●ぷにーんくん「そんなに目立つかな」
- ●かわいいちゃん「いや目立つって」
- ●ぷにたろう「今日は定食にしたんだ」

ぷにーんくんとかわいいちゃんのことはほうっておいて，ぷにたろうはめちゃかわちゃんに話しかけました．

- ●めちゃかわちゃん「たまにはおかずものも食べないと」
- ●ぷにたろう「いつもカレーかうどんだなあ」
- ●めちゃかわちゃん「一品ものばかりじゃよくないよ」
- ●ぷにたろう「夜は定食にするかな」
- ●めちゃかわちゃん「午前中は何やっていたの？」
- ●ぷにたろう「ぷにーんくんと，グラフィックで遊んでた」
- ●めちゃかわちゃん「ハマッているねえ」
- ●ぷにたろう「ハマッてるみたい」
- ●ぷにーんくん「また4人で何かやろうよ」

唐突にぷにーんくんが話してきました．

- ●ぷにーんくん「っていう話に，今かわいいちゃんとなった」
- ●めちゃかわちゃん「いいねー」
- ●ぷにたろう「楽しそうだね」
- ●めちゃかわちゃん「これからやろうか」
- ●ぷにたろう「午後は大丈夫？」
- ●かわいいちゃん「やらなきゃならないことは，とくに無いかな」
- ●めちゃかわちゃん「だいたい午前中に終わらせちゃったしね」
- ●ぷにーんくん「午前中は何やってたの」
- ●めちゃかわちゃん「C言語をやってた」
- ●ぷにたろう「あ，そうなんだ」
- ●めちゃかわちゃん「OSを作ってみたくて」
- ●ぷにたろう「あぁー，ロマンだよねえ」

OS自作にはぷにたろうも，興味があるようです．

- ●ぷにたろう「ぼくもいずれ，やってみたい」
- ●かわいいちゃん「まあプログラマの3大自作の1つだよね」
- ●ぷにーんくん「3大自作って何？」
- ●めちゃかわちゃん「OS自作と，プログラミング言語自作と，あとCPU自作」
- ●かわいいちゃん「プログラマはみんな，憧れるもんよ」

ぷにたろうが話を戻します．

- ●ぷにたろう「しかし4人でって，なんでまた唐突に」
- ●ぷにーんくん「配列を覚えたので」
- ●ぷにたろう「うん」
- ●ぷにーんくん「たいていのプログラムは書けるはずということになった」
- ●ぷにたろう「そりゃまた一足飛びな」
- ●ぷにーんくん「また算数の問題とか，プログラムで解いてみたい」
- ●かわいいちゃん「まあでも算数の問題を解くっていうのは，入門にはいいんじゃないかな」
- ●ぷにたろう「普通はゲーム作りとかじゃないの？」
- ●かわいいちゃん「いやーゲームっていうのは，実はプログラミングの入門には向いてないと思うよ」
- ●ぷにーんくん「そうなの？」
- ●かわいいちゃん「ゲーム・プログラミングっていうのは，プログラミングの中でも最も難しい分野だよ」
- ●ぷにたろう「そうなのかな？」

ぷにたろうは不思議そうです．

●かわいいちゃん「画面とかサウンドとかいろんな技術が必要になっちゃうし，速さも必要だからね」

●めちゃかわちゃん「確かにゲームは，たぶん一番，あらゆる技術が必要になるかも」

●ぷにたろう「なるほど」

●かわいいちゃん「でも本格的なゲームだと，入門でやるには敷居が高すぎるよね」

●ぷにたろう「そりゃそうだ」

●かわいいちゃん「そうすると，どうしても簡単すぎるゲームを題材にしたり，作りたいゲームを作りきれなかったりしちゃうわけ」

●めちゃかわちゃん「あーそれは，わかるなあ」

●かわいいちゃん「他にもゲームを作ることに合わせて言語を選んだりってことになっちゃったりとかね」

●めちゃかわちゃん「それもわかりすぎるくらいにわかる」

●ぷにたろう「そんなもんなのかな」

●かわいいちゃん「ちなみに一番簡単なのは，科学技術計算だね」

●ぷにーんくん「そうなの？　難しそうだけど」

●かわいいちゃん「たいていはループ回して計算するだけだから」

●めちゃかわちゃん「たしかにプログラミングの分野としては，最も簡単かも」

●かわいいちゃん「理論的なことは難しいかもしれないけど，プログラミングの分野としては，っていうことね」

●ぷにたろう「算数の問題を解くみたいなのも，そうなのかな」

●かわいいちゃん「そうだと思うよ」

●めちゃかわちゃん「算数だと身近な問題を解決できる実感が持てるしね」

●ぷにーんくん「それはわかる」

●めちゃかわちゃん「だから，プログラミングの入門には算数はいいのかもしれないね」

●ぷにたろう「なるほどねえ」

16.2　配列を使う題材

●ぷにたろう「じゃあ，午後はどんな題材でやろうか」

●かわいいちゃん「配列を覚えたなら，前にそんなのがあったような」

●ぷにたろう「サイコロの数を足したグラフ描いたときかな」

●かわいいちゃん「それだ」

●めちゃかわちゃん「そんなのがあったんだ」

●ぷにたろう「たしか配列知らないのでそのときは高速化できなくて，あとでまたやればってことになってた」

●かわいいちゃん「そうそう」

●ぷにーんくん「そんなのあったっけ？」

●ぷにたろう「プログラムはセーブしてあるよ」

●かわいいちゃん「他にも，魔方陣とかいいんじゃないかな」

- ●めちゃかわちゃん「あ，それよさそう」
- ●ぷにたろう「魔方陣って？」
- ●かわいいちゃん「3×3とか4×4とかのマス目に数を入れて，縦の合計とか横の合計とか斜めの合計とかが全部同じっていうやつ」
- ●ぷにたろう「ナンバープレイスみたいなやつかな」
- ●めちゃかわちゃん「それの簡単なやつだね」
- ●ぷにーんくん「何ー，何ー？」
- ●ぷにたろう「まあまずは準備しようよ」

ぷにたろうとぷにーんくんはもう，カレーを食べ終わっています．

- ●ぷにーんくん「教えてよう」
- ●ぷにたろう「やる前に教えてあげるから」
- ●かわいいちゃん「まだ食べ終わってない……」
- ●ぷにーんくん「あいかわらず，遅いー」
- ●ぷにたろう「じゃあ待ってる間に説明しようか」
- ●ぷにーんくん「早く速くはやく！」
- ●めちゃかわちゃん「食べるのをなのか，説明をなのか……」

めちゃかわちゃんも定食を食べ終わりました．
かわいいちゃんだけが，残っています．

- ●ぷにたろう「えっと，まずたとえば3×3のマス目があるとするでしょ」
- ●ぷにーんくん「うん」
- ●ぷにたろう「そこに1から9までの数を適当に入れるとする」
- ●めちゃかわちゃん「1つのマスに1個の数を入れるのね」
- ●ぷにーんくん「うんうん」
- ●ぷにたろう「で，そのときにそれぞれの列の合計が，まず全部等しいようにする」
- ●ぷにーんくん「ふむ」
- ●めちゃかわちゃん「縦に足していったときの合計ってことね」
- ●ぷにたろう「さらに，同じことが横に足していったのと，斜めに足したのでも等しければOK」
- ●めちゃかわちゃん「そういうパターンの数の入れかたを探すっていうものね」
- ●ぷにーんくん「なんとなくわかった」
- ●かわいいちゃん「食べ終わったー」

16.3 配列でサイコロの合計を覚える

4人はいったん教室に戻って，荷物を持ってまた食堂に集まります．

●かわいいちゃん「お待たせー」
●ぷにたろう「飲物とおかし，用意しておいたよ」
●めちゃかわちゃん「お，気が利くじゃん」
●ぷにたろう「ぷにーんくんにまかせると，ポテチ持ってきちゃうからね」
●ぷにーんくん「持ってきたよ」
●ぷにたろう「ああっ……，ポテチは持ってくるなとあれほど……」
●めちゃかわちゃん「いやー，同情するなあ」
●かわいいちゃん「まあいいじゃない」

他人ごとと思っているのか，かわいいちゃんはあっけらかんと言います．

●かわいいちゃん「まずはどっちをやりましょ」
●めちゃかわちゃん「サイコロの作り直しっていうのと，魔方陣だっけ？」
●ぷにたろう「まずはサイコロのほうをやりたい」
●ぷにーんくん「ええーっ，魔方陣ってやつのほうがおもしろそう」
●ぷにたろう「配列使う練習がしたいしさ」
●ぷにーんくん「真面目だなあ」
●ぷにたろう「残しておいてあるのも気になるし」
●ぷにーんくん「じゃーまあ，それでいいか」
●ぷにたろう「えーっと，dice.nllって名前でセーブしていたかな」

```
nll> LOAD "dice.nll"
nll>
```

●ぷにたろう「実行してみよう」

```
nll> R.
nll>
```

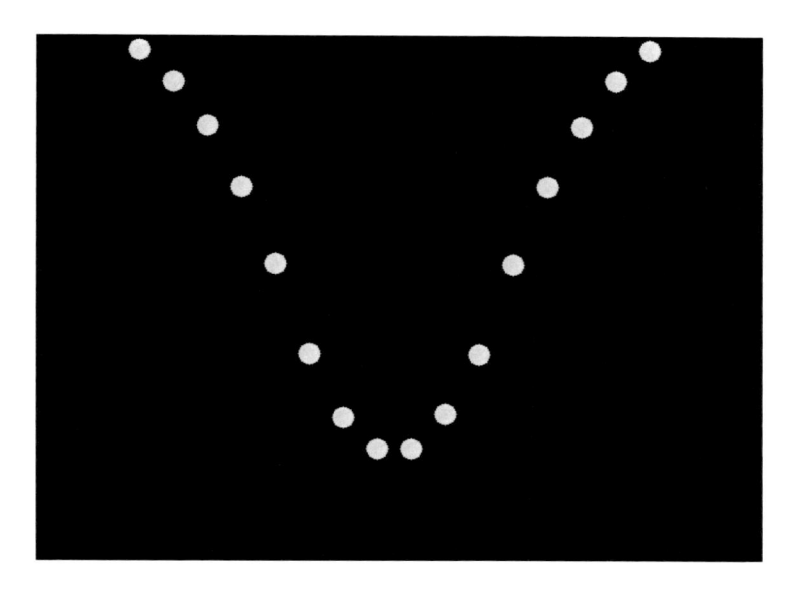

●ぷにーんくん「あーそうそう．こんなだった」

●ぷにたろう「思い出したかな」

●ぷにーんくん「思い出した」

●めちゃかわちゃん「表示がゆっくりしてたね」

●ぷにたろう「サイコロ3つの合計数を乱数で計算したグラフなんだけど，精度上げるために回数多くしてるんだよね」

●めちゃかわちゃん「あー，なるほど」

●ぷにーんくん「たしかにそんなようなのだった」

●めちゃかわちゃん「とりあえずプログラム見てみたい」

```
nll> LS.
1 GSCREEN(G_FLUSH)
2 LP.N,16,3
3 S=0
4 LP.M,300000
5 ((RAND(6)+1)+(RAND(6)+1)+(RAND(6)+1)==N):S=S+1
6 LE.
7 GCIRCLE(N*30,S/100,10,,G_GREEN,G_FILL)
8 LE.
nll>
```

●めちゃかわちゃん「ああわかった．配列使って記憶させずに，合計数ごとに計算して出してるのか」

●かわいいちゃん「そういうこと」

●めちゃかわちゃん「そりゃ遅いわー」

16.4 配列の個数

●ぷにたろう「とりあえず2行目と3行目はいらなくなるので，消そう」

```
nll> 3
nll> 2
nll>
```

●ぷにーんくん「なんで後ろから順に消してるの」
●ぷにたろう「あーこれね．消すと後ろの行の番号がずれるので，後ろから消したほうがやりやすい」
●ぷにーんくん「あーなるほど」
●ぷにたろう「で，次にまずは配列を確保するかな」

言って，ぷにたろうはちょっと考えました．

●ぷにたろう「うーんと，配列の個数はいくつだろう」
●かわいいちゃん「合計値は3から18までだから，16個の数が覚えられればいいことになるね」
●ぷにたろう「じゃ，16で」

```
nll> 2 DIM S,16
nll>
```

●かわいいちゃん「すると，配列は先頭から使うことになるね」
●ぷにたろう「うん」
●かわいいちゃん「オーケー」
●ぷにたろう「で，これをループ回して初期化する」
●ぷにーんくん「長くなっちゃうね」
●ぷにたろう「そうなんだよね」
●かわいいちゃん「セミコロン使えば，くっつけて書けるよ」
●ぷにたろう・ぷにーんくん「え，そうなの!?」
●かわいいちゃん「うん」
●ぷにたろう「こんな感じ??」

```
nll> 3 LP.N,16; S[N]=0; LE.
nll>
```

●かわいいちゃん「そんな感じ」
●ぷにたろう「知らなかった……」
●かわいいちゃん「意味のある処理ごとに行でまとめたいときには，便利だよ」

●ぷにーんくん「セミコロンって何？」

●ぷにたろう「キーボードの右のほうにある，点とチョンのやつ」

●めちゃかわちゃん「点と点のやつは，コロンね」

●ぷにたろう「コロンの隣にあるやつ」

●ぷにーんくん「あー，これかな」

●ぷにたろう「それ」

●ぷにーんくん「セミが転んでセミコロン，なんちって」

3人は聞き流しました.

16.5　配列を先頭から使う

●ぷにたろう「次に，乱数を計算するところはこんな感じでいいかな」

```
nll> ET.5
nll> 5 5 S[((RAND(6)+1)+(RAND(6)+1)+(RAND(6)+1))-3]++
nll>
```

●ぷにたろう「数を増やすのには++を使ってみた」

●ぷにーんくん「1だけ増やすっていう意味か」

●ぷにたろう「そう」

●ぷにーんくん「なんで3を引いてるの？」

●ぷにたろう「サイコロは1から6の数だから，合計は最低でも3以上になるよね」

●ぷにーんくん「うん」

●ぷにたろう「でも配列は先頭から使うことにさっきしたじゃん」

●ぷにーんくん「そうだったかも」

●ぷにたろう「で，きちんと先頭から使うように3を引いている」

●ぷにーんくん「あーなるほど．先頭合わせってことか」

●ぷにたろう「あれでもこれ，結局3を引くなら，こう書けるのか」

```
nll> 5 5 S[RAND(6)+RAND(6)+RAND(6)]++
nll>
```

●かわいいちゃん「そうだねー」

●ぷにーんくん「このほうがすっきりしてるなあ」

●ぷにたろう「まあサイコロが0から5の数って考えれば，これでいいわけか」

●ぷにーんくん「なるほどそりゃそうだ」

●ぷにたろう「あとはループさせて表示して終わり」

```
nll> 7 LP.N,16
nll> ET.8
nll> 8 8 GCIRCLE(N*30,S[N]/100,10,,G_GREEN,G_FILL)
nll>
```

●ぷにたろう「全体を見てみよう」

```
nll> LS.
1 GSCREEN(G_FLUSH)
2 DIM S,16
3 LP.N,16; S[N]=0; LE.
4 LP.M,300000
5 S[RAND(6)+RAND(6)+RAND(6)]++
6 LE.
7 LP.N,16
8 GCIRCLE(N*30,S[N]/100,10,,G_GREEN,G_FILL)
9 LE.
nll>
```

●ぷにーんくん「なんか前よりも，すっきりした気がする」
●ぷにたろう「実際，すっきりしているような」
●かわいいちゃん「2重ループが無くなったからかな」
●ぷにーんくん「あーそうか」
●ぷにたろう「とりあえず実行してみよう」

```
nll> GCLEAR()
nll> R.
nll>
```

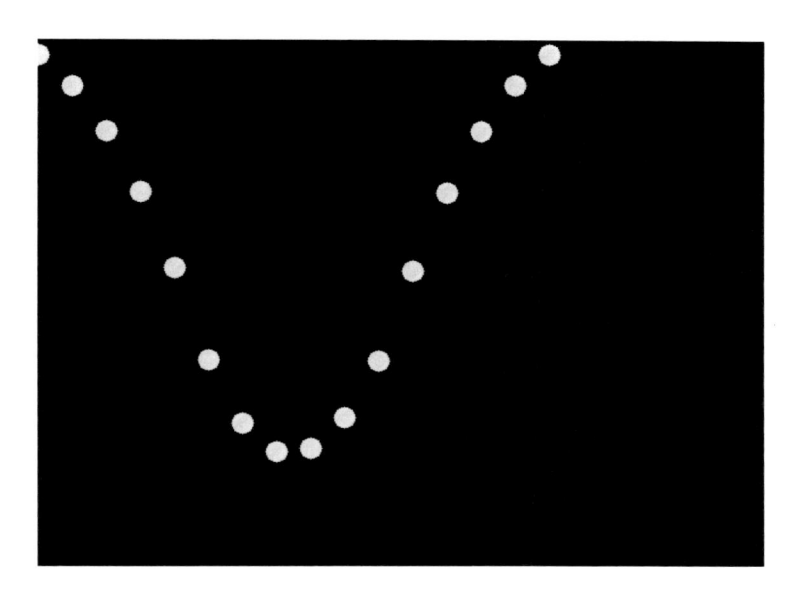

- ●ぷにーんくん「おおっ今度は一瞬！」
- ●ぷにたろう「さすがに速くなったね」
- ●ぷにーんくん「結果もだいたい同じ感じっぽい」
- ●ぷにたろう「うん」
- ●ぷにーんくん「でもなんか，左にずれてるね」
- ●ぷにたろう「配列をゼロから使うようにしたから，まあ0から5までのサイコロとして計算してることになってるからだね」
- ●ぷにーんくん「あー，合計値が3から18じゃなくて，ゼロから15になっているからか」
- ●ぷにたろう「そういうこと」

16.6　魔方陣をやってみよう

- ●ぷにたろう「次は，魔方陣ってやつをやってみようか」
- ●ぷにーんくん「ぼくが作ってみるよ」
- ●ぷにたろう「お，やる気だね」
- ●ぷにーんくん「まずは，マス目のぶんの配列を確保すればいいかな」

```
nll> NW.
nll> 1 D=3; D.A,D,D
nll>
```

- ●ぷにーんくん「マス目のサイズを，変数Dで指定できるようにしてみた」
- ●ぷにたろう「気が利くねー」
- ●ぷにーんくん「えーと，これに適当な数を入れて，縦横斜めを計算して合ってたらOKっていうふ

うにしたい」

●ぷにたろう「まずは適当な数を入れるか」

●かわいいちゃん「とりあえず1から順に入れて，適当に入れ替えればいいんじゃないかな」

●ぷにたろう「あ，それよさそう」

●ぷにーんくん「まずは1から順番に入れよう」

```
nll> 2 N=1; LP.X,D; LP.Y,D; A[X][Y]=N++; LE.; LE.
nll>
```

●ぷにーんくん「セミコロンでくっつけて書いてみた」

●ぷにたろう「2重ループで2次元配列に順に数を入れていくのか」

●ぷにーんくん「そんな感じ」

●めちゃかわちゃん「いいんじゃない」

●ぷにーんくん「あと，数を増やすのに ++ を使ってみたけど，これって1増えるんだよね」

●かわいいちゃん「うん」

●ぷにーんくん「2とか3増やしたいときはどうするのかな」

●かわいいちゃん「+=っていうのがあるよ．N+=2ってやると2増える」

●ぷにーんくん「へー，そんなのが」

16.7　変数の値の入れ替え

●ぷにーんくん「で，適当に入れ替えたいけどどうしよう」

●かわいいちゃん「入れ替えてチェック，また入れ替えてチェック，を繰り返すんだっけ」

●ぷにーんくん「そう」

●かわいいちゃん「なら，どうせ戻ってくるから，ひとまずジャンプ用のラベル入れときましょ」

●ぷにーんくん「これでいいかな」

```
nll> 3 .MAIN
nll>
```

●ぷにたろう「まずは入れ替え位置を乱数で作りたいね」

●ぷにーんくん「横の位置と縦の位置で，入れ替え先と入れ替え元で，4つの乱数かな」

●かわいいちゃん「それならこんなふうに書けるよ」

```
nll> 4 (X0,Y0,X1,Y1)=RAND(D,D,D,D)
nll>
```

●ぷにたろう「え，なにこの書き方⁉」

●かわいいちゃん「カッコでくくると，数をまとめて扱えるんだよ」

●ぷにたろう「そうなの!?」

●かわいいちゃん「これだとDまでの4つの乱数が作られて，X0，Y0，X1，Y1にそれぞれ入るね」

●ぷにーんくん「これは便利かも……」

●かわいいちゃん「数の入れ替えも，こんなふうに書けるよ」

```
nll> 5 (A[X0][Y0],A[X1][Y1])=(A[X1][Y1],A[X0][Y0])
nll>
```

●かわいいちゃん「こうすると中継用の変数無しで入れ替えができる」

●ぷにたろう「おー，これは便利かも」

●めちゃかわちゃん「普通は変数の値の入れ替えって，中継するテンポラリ変数が必要になっちゃうよね」

●ぷにーんくん「そうなの？」

●めちゃかわちゃん「たとえばAとBを入れ替えるなら，C=A; A=B; B=CみたいなCが必要になるってこと」

●ぷにーんくん「いったん保存しておくところが必要ってことか」

●めちゃかわちゃん「だけどNLLだと，(A,B)=(B,A)っていうふうに書けるってことね」

●ぷにたろう「なるほどねえ」

●ぷにーんくん「じゃ，入れ替えはできたね」

16.8　合計を計算する

●ぷにたろう「次は，合計の計算かな」

●ぷにーんくん「まず1列だけ，計算してみよう」

```
nll> 6 SUM=0; LP.X,D; SUM+=A[X][0]; LE.
nll>
```

●ぷにーんくん「で，他のも計算して，この変数SUMと全部が一致してたらOKって感じ」

●ぷにたろう「2重ループで，縦と横の計算をすればいいかな」

●ぷにーんくん「うーん……，こんな感じかなあ」

```
nll> 7 F=0
nll> 8 LP.X,D; S0=0; S1=0
nll> 9 LP.Y,D; S0+=A[X][Y]; S1+=A[Y][X]; LE.
nll> 10 ((S0!=SUM)||(S1!=SUM)):F=1
nll> 11 LE.
nll> 12 (F==1):G.MAIN
```

●ぷにーんくん「S0 と S1 に足し込んでいく感じ」

●ぷにたろう「うん」

●ぷにーんくん「まず，S0 は A[X][Y] を足し込んでいく感じ」

●ぷにたろう「それはわかる」

●ぷにーんくん「でもって S1 はひっくり返した A[Y][X] を足し込んでいくので，それぞれ横方向と縦方向を足していく感じになる」

●ぷにたろう「あー，ひっくり返してあるのか」

●ぷにーんくん「あと，さっき聞いた += ってのを使ってみた」

●ぷにたろう「10 行目では，合計値が SUM と違っていたら変数 F を 1 にしてるのか」

●ぷにーんくん「そう．でもって 12 行目で，F が 1 なら先頭に戻ってやり直し」

●かわいいちゃん「これ，斜めの計算も必要だよね」

●ぷにーんくん「そうだなあ……まず，S2 と S3 ってのに足し込んでみるかな」

```
nll> ET.7
nll> 7 7 F=0; S2=0; S3=0
```

●ぷにーんくん「とりあえず，先頭で S2 と S3 を初期化した」

●ぷにたろう「斜めは斜めで，また別にループをして合計すればいいのかな」

●ぷにーんくん「うーん，こんな感じでどうだろう」

```
nll> ET.11
nll> 11 11 S2+=A[X][X]; S3+=A[X][D-X-1]; LE.
nll> 12 ((S2!=SUM)||(S3!=SUM)):F=1
```

●かわいいちゃん「あー，うまいね．外側のループを使って，ループ増やさずに斜めも計算したのか」

●ぷにたろう「おお，なるほど」

●ぷにーんくん「あとは，OK だったときに表示する処理を書こう」

```
nll> 14 P."----"
nll> 15 LP.X,D; LP.Y,D; FPRINT(" ",A[X][Y])
nll> 16 LE.; P.; LE.
nll> 17 G.MAIN
nll>
```

●ぷにーんくん「とりあえずマス目の値を全部表示して，また計算に戻るようにしてみた」

●ぷにたろう「とりあえず完成だね」

●ぷにーんくん「全体を見てみよう」

```
nll> LS.
1 D=3; D.A,D,D
2 N=1; LP.X,D; LP.Y,D; A[X][Y]=N++; LE.; LE.
3 .MAIN
4 (X0,Y0,X1,Y1)=RAND(D,D,D,D)
5 (A[X0][Y0],A[X1][Y1])=(A[X1][Y1],A[X0][Y0])
6 SUM=0; LP.X,D; SUM+=A[X][0]; LE.
7 F=0; S2=0; S3=0
8 LP.X,D; S0=0; S1=0
9 LP.Y,D; S0+=A[X][Y]; S1+=A[Y][X]; LE.
10 ((S0!=SUM)||(S1!=SUM)):F=1
11 S2+=A[X][X]; S3+=A[X][D-X-1]; LE.
12 ((S2!=SUM)||(S3!=SUM)):F=1
13 (F==1):G.MAIN
14 P."----"
15 LP.X,D; LP.Y,D; FPRINT(" ",A[X][Y])
16 LE.; P.; LE.
17 G.MAIN
nll>
```

● ぷにーんくん「よーしこれで，たぶん完成！」
● ぷにたろう「けっこう長くなったね」
● めちゃかわちゃん「でもこれ，だいぶ短く書けてるほうだと思うよ」
● かわいいちゃん「そうだねー」
● ぷにたろう「そうなのかな」
● めちゃかわちゃん「他の言語では，なかなかこうはいかないかも」
● ぷにたろう「ぷにーんくんがセミコロンで詰め込んでいるだけのような……」
● かわいいちゃん「まあそれは，言えるかも」
● ぷにーんくん「さっそく，実行してみよう！」

```
nll> R.
----
 6 7 2
 1 5 9
 8 3 4
----
 6 1 8
 7 5 3
 2 9 4
----
```

```
4 3 8
9 5 1
2 7 6
...
```

●ぷにーんくん「おー，スパスパ出てきた」
●ぷにたろう「数も合ってるっぽいね」
●めちゃかわちゃん「うまく動いてるねー」

16.9　サイズを増やしてみよう

●ぷにたろう「これって4×4とかでもできるのかな」
●ぷにーんくん「あ，それなら簡単」

```
nll> ET.1
nll> 1 1 D=4; D.A,D,D
nll>
```

●ぷにたろう「Dを4にするだけでいいのか」
●ぷにーんくん「そういうふうに書いておいたからね」
●ぷにたろう「こういうところは親切な……」
●めちゃかわちゃん「ポテチ食べた手で，平気でPCいじるのに……」
●ぷにーんくん「へっへーん」
●かわいいちゃん「まあ，実行してみようか」

```
nll> R.
```

●ぷにーんくん「あれ，反応が無い……」
●めちゃかわちゃん「出ないね」
●ぷにたろう「何にも出てこないね」
●ぷにーんくん「でーなーいー」
●かわいいちゃん「えーっと，これってもしかして，すんごく時間がかかるんじゃない？」
●ぷにたろう「そうなのかな」
●かわいいちゃん「さっき調べといたんだけど，4×4の魔方陣って，880通りあるらしくて」
●めちゃかわちゃん「それだけしか無いの？」
●かわいいちゃん「うん」
●ぷにーんくん「それが多いのか少ないのか」
●めちゃかわちゃん「もっとあるのかと思っていた」
●かわいいちゃん「で，4×4の数の入れかたって，16×15×14×……ってやっていって1までかけ

た数になるわけじゃない」
- ●めちゃかわちゃん「まあ，そうなるね」
- ●かわいいちゃん「880通りっていうのは反転したのとか回転したのは含まないので実質は8倍のパターンがあることになるのだけど，それでも少なそう」
- ●ぷにたろう「Ctrl＋Cで中断して，計算してみようか」

```
nll> R.

Break at: LE.
nll>
```

- ●ぷにたろう「とりあえず，止めた」
- ●かわいいちゃん「えーっとまず，全てのパターンは，これだけあることになる」

```
nll> S=1; LP.N,16; S*=(N+1); LE.; P.S
20922789888000
nll>
```

- ●ぷにーんくん「これいくつなの？」
- ●めちゃかわちゃん「20兆くらい？」
- ●ぷにーんくん「大きすぎてもうよくわかんない」
- ●ぷにたろう「*=っていうのは，+=のかけ算バージョンかな」
- ●かわいいちゃん「そう」
- ●めちゃかわちゃん「これだと変数SにN+1を掛け合わせることになるね」

16.10　時間がかかりすぎる

- ●ぷにたろう「じゃあこれを880×8で割れば，いいのかな」
- ●かわいいちゃん「そうなるね」
- ●ぷにたろう「えーっと，+=や*=があるってことは，/=だと割ることになるんだよね」
- ●めちゃかわちゃん「そうだねー」
- ●ぷにたろう「じゃあこんなふうに書けるね」

```
nll> S/=880*8
nll> P.S
2971987200
nll>
```

- ●ぷにたろう「/=を使って書いてみた」
- ●ぷにーんくん「だいたい30億くらいっていうこと？」

●めちゃかわちゃん「まあ，そうなるね」

●かわいいちゃん「つまり魔方陣が成り立つのは，30億回に1回程度の低い確率になっちゃう」

●ぷにたろう「どれくらい時間がかかるんだろう」

●かわいいちゃん「そうねえ……，仮に1秒間に10万回計算できたとしても，こうなるよね」

```
nll> S/=100000
nll> P.S
29719
nll>
```

●かわいいちゃん「1個見つけるのに，だいたい3万秒くらい」

●ぷにーんくん「それって何時間くらいなんだろう」

```
nll> S/=3600
nll> P.S
8
nll>
```

●かわいいちゃん「8時間くらい？」

●ぷにたろう「つまりこれは，1秒に10万回計算できたとしても，8時間に1個くらいしか見つけられないということになるのか……」

●ぷにーんくん「むー」

●かわいいちゃん「まあ，何かしらの工夫が必要になるっていうことだね」

16.11　高速化してみよう

●ぷにたろう「これって，高速化できないかな」

●めちゃかわちゃん「できる余地はありそう」

●かわいいちゃん「今は合計をぜんぶ計算してるよね」

●ぷにーんくん「うん」

●かわいいちゃん「だけどこれ乱数なんだから，実際にはほとんど一致しないよね」

●ぷにたろう「たぶんそうだね」

●かわいいちゃん「なら1箇所だけ計算して，ダメならすぐに次にいっちゃえばいいんじゃないかな」

●めちゃかわちゃん「そうするとほとんどの場合で，合計を全部計算しなくても済むことになるね」

●ぷにたろう「おー，なるほど」

●めちゃかわちゃん「今のプログラムなら，まず斜めの2つを先に計算してチェックするようにするなら，簡単に改造できそう」

●かわいいちゃん「こんなふうに書けるかな」

```
nll> ET.6
nll> 6 6 SUM=0; SUM2=0; LP.X,D; SUM+=A[X][X]; SUM2+=A[X][D-X-1]; LE.
nll>
```

●かわいいちゃん「まず6行目で，斜めをSUMとSUM2で計算してみた」
●ぷにたろう「なるほど」
●かわいいちゃん「で，SUMとSUM2を比較して，ダメなら即，MAINに戻してしまおう」

```
nll> ET.7
nll> 7 7 (SUM!=SUM2):G.MAIN; F=0
nll>
```

●かわいいちゃん「これで11行目の斜めの計算はいらなくなるので，消してしまおう」
●めちゃかわちゃん「12行目のチェックもいらなくなるね」
●かわいいちゃん「それも消そう」

```
nll> ET.11
nll> 11 11 LE.
nll> 12
nll>
```

●かわいいちゃん「で，全体はこんな感じ」

```
nll> LS.
1 D=4; D.A,D,D
2 N=1; LP.X,D; LP.Y,D; A[X][Y]=N++; LE.; LE.
3 .MAIN
4 (X0,Y0,X1,Y1)=RAND(D,D,D,D)
5 (A[X0][Y0],A[X1][Y1])=(A[X1][Y1],A[X0][Y0])
6 SUM=0; SUM2=0; LP.X,D; SUM+=A[X][X]; SUM2+=A[X][D-X-1]; LE.
7 (SUM!=SUM2):G.MAIN; F=0
8 LP.X,D; S0=0; S1=0
9 LP.Y,D; S0+=A[X][Y]; S1+=A[Y][X]; LE.
10 ((S0!=SUM)||(S1!=SUM)):F=1
11 LE.
12 (F==1):G.MAIN
13 P."----"
14 LP.X,D; LP.Y,D; FPRINT(" ",A[X][Y])
15 LE.; P.; LE.
16 G.MAIN
nll>
```

●かわいいちゃん「これでどうだろうなあ」

```
nll> R.
```

●かわいいちゃん「やっぱり，反応無いね」
●めちゃかわちゃん「まあ高速にはなっているだろうけど，もとが1個につき8時間くらいかも？　ってことだからね」
●ぷにたろう「3倍速くなってても，2時間以上はかかるかもってことか」
●かわいいちゃん「バババッと出てくるとまでは，いかないだろうねえ」
●ぷにーんくん「これはこのまま，動かしておこうよ」
●ぷにたろう「ええーっ，落ち着かないなあ」
●ぷにーんくん「続きはかわいいちゃんのPCでやろうよ」
●かわいいちゃん「ええーっ，ちょっと汚さないでよ！」
●ぷにーんくん「だいじょうぶだよー」
●かわいいちゃん「ポテチ禁止だよ！」
●めちゃかわちゃん「さっきはまあいいじゃないって言ってたのに……」
●ぷにたろう「ひとのPCだとそうなのか……」

4人が他にいろいろとやっている間にやっとこんな答えが出てきたのは，3時間ほど経ったあとでした．

```
----
14 1 16 3
9 8 11 6
4 13 2 15
7 12 5 10
```

あとがき

　冒頭でも説明したように，NLLは入門時の敷居を低くすることを意識して設計・開発しているプログラミング言語です．

　ただこれは，単に言語を簡略化してできることも少なくするということではありません．そのようにしてしまうと言語の可能性が狭まり，プログラミングによって身近な課題を解決できるという可能性も狭まるためです．

　このためNLLでは，演算は通常の言語並みにできるが，文法事項は極力簡略化することで，数個のコマンドを覚えるだけでプログラムは書けるという，ある意味「アンバランス」な仕様で設計されています．付加的な文法事項も多くありますがそれらはすべて付加的なものであり，もっとうまく書きたくなったなら，そのときに知ればいい，という扱いです．

　結果としてNLLは実はアセンブリ言語と呼ばれるものに非常に近い文法で，プリミティブな命令を組み合わせることで希望の処理を実現するという方針になっています．

　本書は対話型で説明を進めるような内容としました．

　ただ文章で説明することを単にキャラクタに喋らせているだけとなることも避けたく，先生役のキャラクタはあまり出さずに（もしくは出すとしても，あまり説明させずに）主人公の生徒たちが手を動かしながら（ある意味，勝手に）理解していくスタイルとしました．

　これは説明としては冗長になりがちで，まだるっこしいと感じられた部分もあるかもしれません．

　プログラミング学習においては，実際に試すことでわかることは，あえて説明せずに試させることが良い場合があると思います．

　例えばグラフィックで，X座標やY座標の方向を説明することは多くあり，それが図によって説明されることも多くあることでしょう．

　しかしそうではなく，まずは適当にプログラムを書いて動かしてみて，動きが小さければ座標値を大きくしたり，逆ならばマイナスをつけたりしてみることで方向を理解するという方法もあります．

　本書のグラフィックの章では，実際にそうして説明しています．また他にも本書では，小数点を扱う章では，先生役に説明させるようなことは一切せず，主人公の生徒たちが推測で試すことだけで理解を進めていくようにしてみました．

　実際のプログラミングでは，こうした素養が必要だと強く思います．これができるようになると，教えてくれる人がいない状況でも，試すことで自律して学んでいけるようになるためです．理屈を教えることも重要ですが，試しかたを教えることで，理屈は自身で見つけさせるという方法もあるわけです．

　本書を対話型のスタイルにしたことには，そうした目的がありました．またその中に，実際にプログラマがするような会話を盛り込むことができたことは，筆者としては面白い副産物でした．

　プログラミングの入門において重要なことは，簡単なことを何度も繰り返すことだと思います．

　（とくに，子どもの）プログラミング初心者は，大人から見れば当り前のようなことや，すでにで

きていること，一見して無意味なプログラムや昨日も書いた同じプログラムを，何度も書いて，何度も繰り返そうとします．具体的に言うと，ただ画面にぐちゃぐちゃに文字が出るだけのプログラムとか，そうしたものを何度も繰り返し書こうとします．

これは自力で書いて動いたという経験を得ることで，「自分でできる！」という自信と「動いた！」という喜びを得ようとしているのだと筆者は思います．またこれにはその人なりの書き方が定着していくという効果もあります．

そして自信がついて書き方が定着すれば，実際に何か書きたいプログラムができたときに，それを自力で書ける素養ができます．プログラミングにおいては論理的思考が重要視されがちですが，実際にはそうした「経験」によって培われている部分も多くの割合を占めており，プログラマはかなり多くの部分を「経験」によって書いています．プログラムが実際に書けるようになるためには，論理的思考の育成の他に，経験の蓄積も重要だと思うわけです．スポーツでも，素振りやパス練習を何度もやったりするものです．

残念ながらこの「一見無意味なことを何度も繰り返せる」という資質は，大人になると失われがちです．それが何の役に立つのか？　といった効果目線で考えてしまい，繰り返すことに疑問を持ってしまいがちだからです．プログラミングを遊びと考えているか，作業と考えているかの違いなのだと思います．

だから幼少期に，そうしたことを本人が自然と，当り前のようにできるということは，非常に貴重だと思います．

子どもが同じようなプログラムや，（大人から見て）「つまらない」「役に立たない」プログラムを何度も書いて試しているとき，それを見て，別の「役に立つ」ことをやらせたり次のことを教えなければと思ってしまいがちなのですが，しかしそれは本人が，遊びの中で自信をつけようとしていることのように思います．

そして「新しいことを教わる」ということと同じくらい，「今知っていることでできることが何かを試す」ということも重要だと思います．だからそんなときは無理には先に進ませずに，本人が書きたい・試したいと思ってしていることを存分にさせてあげることも大切にしたく感じます．

2024年夏　坂井 弘亮

著者紹介

坂井 弘亮 （さかい ひろあき）

幼少の頃よりプログラミングに親しみ、独自組込みOS「KOZOS」の開発、多種CPUのアセンブリ解読などの活動を経て、現在は独自Unix互換環境プロジェクト(NLUX)にて独自標準Cライブラリ(nllibc)、独自Cコンパイラ(nlcc)、独自プログラミング言語(nll)等を開発中。

雑誌記事・書籍執筆多数
(「12ステップで作る組込みOS自作入門」(カットシステム)、「大熱血！アセンブラ入門」(秀和システム)、「リンカ・ローダ実践開発テクニック」(CQ出版)など

アセンブラ短歌六歌仙のひとり(白樺派)
バイナリかるた・バイナリ駄洒落エバンジェリスト
技術士(情報工学部門)

他，セキュリティ・キャンプやSecHack365などの講師・運営、各種オープンソース・ソフトウェアの開発、イベントへの出展やセミナーでの発表などで活動中。

◎本書スタッフ
アートディレクター/装丁： 岡田 准一
編集： 向井 領治
ディレクター： 栗原 翔
●お断り
掲載したURLは2024年8月1日現在のものです。サイトの都合で変更されることがあります。また、電子版ではURLにハイパーリンクを設定していますが、端末やビューアー、リンク先のファイルタイプによっては表示されないことがあります。あらかじめご了承ください。
●本書の内容についてのお問い合わせ先
株式会社インプレス
インプレス NextPublishing　メール窓口
np-info@impress.co.jp
お問い合わせの際は、書名、ISBN、お名前、お電話番号、メールアドレス に加えて、「該当するページ」と「具体的なご質問内容」「お使いの動作環境」を必ずご明記ください。なお、本書の範囲を超えるご質問にはお答えできないのでご了承ください。
電話やFAXでのご質問には対応しておりません。また、封書でのお問い合わせは回答までに日数をいただく場合があります。あらかじめご了承ください。

●落丁・乱丁本はお手数ですが、インプレスカスタマーセンターまでお送りください。送料弊社負担に てお取り替えさせていただきます。但し、古書店で購入されたものについてはお取り替えできません。

■読者の窓口
インプレスカスタマーセンター
〒101-0051
東京都千代田区神田神保町一丁目105番地
info@impress.co.jp

OnDeck Books

NLL言語入門
プログラミングで算数を解く

2024年9月13日　初版発行Ver.1.0（PDF版）

著　者　坂井 弘亮
編集人　桜井 徹
発行人　高橋 隆志
発　行　インプレス NextPublishing
　　　　〒101-0051
　　　　東京都千代田区神田神保町一丁目105番地
　　　　https://nextpublishing.jp/
販　売　株式会社インプレス
　　　　〒101-0051　東京都千代田区神田神保町一丁目105番地

印刷・製本　京葉流通倉庫株式会社
Printed in Japan

ISBN978-4-295-60339-9

NextPublishing®

●インプレス NextPublishingは、株式会社インプレスR&Dが開発したデジタルファースト型の出版モデルを承継し、幅広い出版企画を電子書籍＋オンデマンドによりスピーディで持続可能な形で実現しています。https://nextpublishing.jp/